府城在地八十年兮

記憶佮腳跡

一杯果汁裡的台灣百年風土

楊淑芬／《中華日報》副總編輯

李文雄大哥是我多年好友，我都稱他「雄哥」，莉莉水果更是從小吃到大，已經熟悉得不能再熟悉，但是捧讀《莉莉水果店》這本書，仍是熱淚盈眶，感動莫名，從文字間散發出來對母親和家人的深情，對土地歷史的用心，對每一種水果的研究，都令人動容，回味再三。

雄哥是歷史的見證者與親歷者，他延續家業，用文字將這家店的故事，以及背後堅毅的母親、默默奉獻的父親、無數市井小人物的身影，一一收錄成書。他的筆觸溫厚、觀察細膩，既有口述歷史的真誠，又保有散文敘事的節奏與質地。他以子女的眼光回望上一代的奮鬥，也以市民的身分書寫台南的變遷，其誠意與用心，全部展現在扉頁裡。

書中最讓人感動的篇章，是母親李張罔腰女士的生命故事，她自清苦農家出身，歷經日本時代、二戰空襲、幣制改革、戰後經濟動盪，仍憑一己之力撐起家庭。從南門市場擺攤，到府前路竹仔厝經營水果與麵攤，再到貼食創舉，成立莉莉水果店，後來再上山耕種，是台灣庶民女性最動人的縮影。

印象最深是讀到母親背著重病兒子步行數小時看診、冒著空襲風險仍不放棄的故事，冒著生命危險只為保住兒子的性命，這不是小說，是血肉，是歷史，是台灣人一步一步走過來的痕跡。

另一段是她開創「貼食」服務，既寫出庶民的創意，也記錄了台南小吃文化的原點，母親剖鹹蛋，大小都剖得剛剛好，令人莞爾又佩服；一年三百六十五天從不休息，那份服事他人的溫暖價值，更是支撐這間店走過半世紀的核心精神。

母親退休後自己一個人上山耕種，帶著一個碗、一雙筷子、一包米、一些鹽巴跟一個鍋子，隻身前往沒水沒電的荒山，種植水果和竹筍，把一個荒山栽植成生意盎然的農場，並命名為「寶山農場」；當年母親為了週日給教會買一把鮮花，清晨來回要花上兩個小時，數十年而不悔。

我記得雄哥曾經說過母親善良虔誠，擁有神奇的禱告治癒能力，書中也提到母親把父親額頭上肉瘤治好，讓父親真心順服神；當年在寶山農場每天清晨都有人排隊來求醫，雄哥寫得很保守，其實母親造福許多許多人。

莉莉水果從母親、大哥到雄哥接手，開創許多第一，第一杯果汁，把水果從吃的變成喝的，開始推廣沒有人會吃的酪梨，並且打出第一杯酪梨牛奶；雄哥接手後從一個水果店變成文化館，成為台南的文化據點。

再說回來雄哥和我的交情，我剛開始跑新聞時，雄哥是最重要的諮詢對象，他關心台南的鄉土文史，有問必答，每次找他又有果汁喝，所以好幾個記者都常往莉莉跑，我也是其中之一，只是當時他沉迷《莉莉水果有約》月刊，常不在店裡，雄嫂都會無奈地說：「不知是賣水果，還是出雜誌。」

後來我們一起復育台南鳳凰花，我自動請纓出任鳳凰花會會長，雄哥是副會長，會址就設在莉莉水果店，雄哥開始畫姿態各異的鳳凰花，鳳凰花會的LOGO也是雄哥手繪，每一次種花時，雄哥會畫好無數卡片，讓種花的民眾帶回做紀念，也提供無數中秋文旦，讓大家有食擱有掠。

說到畫畫，雄哥愛畫，為水果、為花朵、為老樹做畫，已經畫了數不盡的卡片，題材還不斷擴大，數量也不斷增加，他曾經有感而發「畫一張和畫一萬張，是完全不同的境界」，他已經進入靈感如泉湧、筆下如造物的境地；朋友們也會打趣「不知是賣水果，還是做畫家」。以前他都在深夜莉莉打烊後，一燈煢然，獨坐在店門口作畫，萬籟俱寂，只有他低頭悠然專心，這個景象也深印許多台南人心中。

近年來，雄哥把莉莉交給兩個孩子經營，孩子們有為有守，他終於放下心。他曾在萬壽宮旁的自宅打造莉莉文化走廊，展出他歷年收集的文史資料，琳瑯滿目，有畫有書有卡片，還有一張桌子和幾張小椅子，可以安心地在桌前看一回書，如果喜歡還可以隨意帶走；每週日上午他暖心放上七十包當季水果，需要的自行取用，真正把台南打造為奶與蜜的故鄉。

研究二二八受難人權律師湯德章，雄哥更是無怨無悔付出，最早他從爭取保存故居開始，挖掘史料，尋找湯德章後人，走得很快，並出版《湯德章紀念公園之前世今生》，直到參與支持《尋找湯德章》紀錄片；尋訪湯聰模大哥的過程雄哥寫得很清楚，但是不為人知的故事，是他鼓勵湯大哥到日本，他給了一筆錢讓我轉交，促成中斷數十年後的台日親人相會，湯大哥好幾度問錢從何處來，我謹遵吩咐，說是「關心的民眾捐款」，錢可能是小事，但是有人關心促成，讓湯大哥暖心大步前行。

雄哥和蔡顯隆老師交情匪淺，過程他自己也寫了，沒寫出的是蔡老師住進安養中心之後，每天去看望他、幫他繳費、打理生活的人是雄哥。

雄哥以店鋪為筆，以果汁為墨，寫進許多小人物的悲哀與喜樂。這是一部豐饒的台南史，值得禮讚的台灣史。

自序——

一花一木，果實人生

我的父親自一九三〇年代就在台南的批發市場做中盤商，戰後和友人共同創立南台物產有限公司並擔任董事，經營大台南地區的水果批發事業；我的母親戰前在專門服務日本客人的南門市場擺攤賣蔬果，戰後因為市場沒落，才搬到現在莉莉水果店的所在地。因此莉莉水果店雖然標榜是一九四七年創業，但如果從日本時代在南門市場擺攤的時候算起，歷史其實更久。

至於我們家兄弟，大哥是莉莉水果店早期的經營者，二哥獨立經營迦南水果店，而我在一九七二年退伍後，就跟隨父親的腳步任職於南台物產公司，四哥與小弟也在南台服務，我們全家人都是靠水果吃飯，甚至我的孩子們也繼承衣缽，傳承著莉莉水果店第三代的招牌。

莉莉水果店走過八十年，我也進入人生的最後階段，《聖經》上說：「我們一生的年日是七十歲，若是強壯可到八十歲……」回顧我的一生，與水果相伴，兒時由母親帶領認識耶穌，四十多歲接棒莉莉，將上帝放在我心裡的感動，寫成一篇又一篇的文章。到了一九九九年，我開始寫《莉莉水果有約》月刊，目的是希望讓更多人認識台灣水果。

當時我向上帝禱告，希望神給我三年的時間來完成。第一個三年，一共完成了三十六期的月刊，接著我又持續禱告，每次以三年為一期，求神幫助我傳達心中的感動，於是又完成了三十六期的月刊，前後相加共有七十二期。一邊經營水果店，又要完成文字稿，加上我對於文字的讀寫本來就不太熟練，這些過程非常辛苦，靠的只有熟能生巧，所以後來我才又陸續寫了《府城大街社區報》的台南市果樹專欄，和台南市政府《王城氣度》月刊的「厝邊頭尾的故事」專欄。

關懷這片土地的人事物，一直是我心裡的感動，而推廣台灣的水果，更是我一生的志業。台灣是上帝賜福的寶島，如《聖經》上所寫，是流著奶與蜜的土地。以我的觀點來看，台灣最值得驕傲的，就是擁有非常豐富的水果，如果台積電的晶片是台灣目前在國際舞台上的重要資產，那麼品種繁多且品質優良的水果，更會是台灣未來最重要的軟實力。

這本書是我對水果最後的告白，期盼更多的人一起來品嘗屬於上帝的果實真味。願主耶穌基督的恩典與慈愛，常常與我們同在。

我們一家蒙神的恩典在府城承先啟後、開枝散葉，我的內心充滿感恩。

1. 台南創意中心（原愛國婦人會館、台南美國新聞處）
2. 莉莉水果店
3. 天生接骨所
4. 全台首學大廈（原南門市場）
5. 福記肉圓
6. 基督教台南浸信會
7. 建興國中（原南門小學校、台南市政府）
8. 京園日本料理
9. 克林台包
10. 鷲嶺食肆（原鶯料亭）
11. 湯德章紀念公園（原大正公園、民生綠園）
12. 台南市消防史料館（原台南合同廳舍）
13. 台灣文學館（原台南州廳）
14. 台南市美術館一館（原台南警察署）
15. 台南孔廟（全台首學）
16. 忠義國小（原台南神社外苑）
17. 全成牙醫診所（原全成醫院）
18. 林百貨
19. 台南市美術館二館（原台南神社內苑）
20. 司法博物館（原台南地方法院）
21. 湯德章故居
22. 西市場
23. 淺草新天地（原南台青果批發市場／中正路時期）
24. 停車場（原南台青果批發市場／友愛街時期）
25. 停車場（原新松金樓）
26. 大南門城
27. 五妃廟

莉莉水果店關係地圖

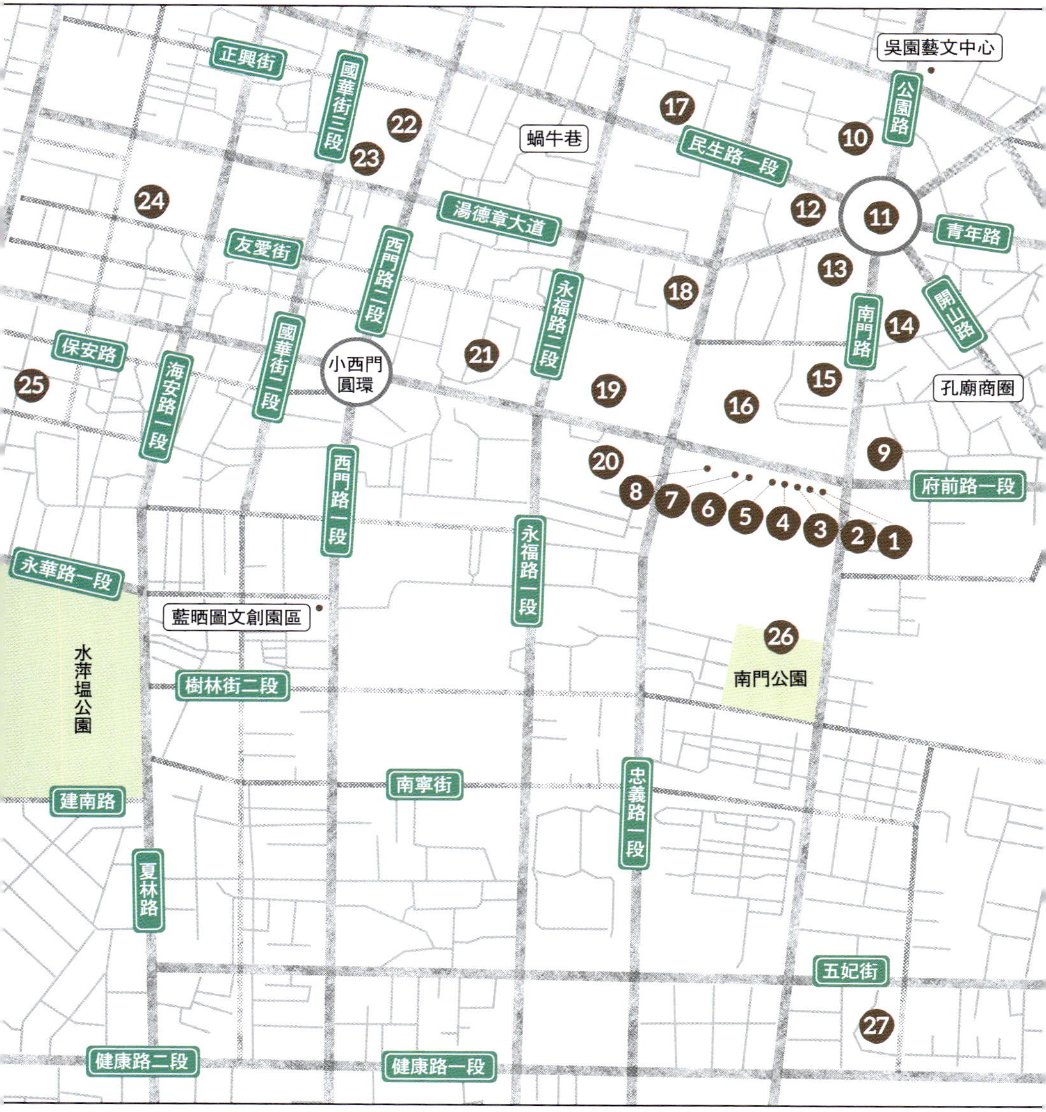

吳園藝文中心
公園路
正興街
國華街三段
22
23
17
蝸牛巷
民生路一段
10
12
11
青年路
24
湯德章大道
友愛街
西門路二段
永福路二段
18
13
南門路
14
開山路
保安路
國華街二段
小西門圓環
21
海安路一段
25
19
16
15
孔廟商圈
9
20
府前路一段
8
7
6
5
4
3
2
1
西門路一段
永福路一段
永華路一段
藍晒圖文創園區
26
南門公園
水萍塭公園
樹林街二段
南寧街
忠義路一段
建南路
夏林路
五妃街
27
健康路二段
健康路一段

序章

母親的河流

從清代的台灣府城區域圖，可以看到城內城外有源遠流長的溪河及丘陵山阜相伴，是一座山光水色的優美古城。當時府城內有左右兩條分水，自東邊高地分流北、西、南，橫貫成一奇景，其中一條是德慶溪，沿今天的民族路往西注入當時的台江內海；另一條為福安坑溪，沿今天的台南女中流經南門路、通往府前路，流到當時的小西門後同樣注入台江內海。福安坑溪流域包含大南門、孔廟、海東書院，以及後來的台南神社外苑、地方法院一帶，正是我的家族世代生活的區域。

從明鄭時期、清代、日本時代、戰後到現代，也許我們不容易考究福安坑溪到底存在了多久，但是這條跨越數百年的溪流，的的確確是在地人不可或缺的生命泉源與生活依歸，我稱她為「母親的河流」，正是因為早年百姓在還沒有掘井之前，灌溉、洗衣等生活上的一切都依賴著這條溪流。

從古至今，溪畔的人們來來去去，壽命終究有限，而福安坑溪的生命亦然。原本蜿蜒曲折的溪流，在一九一九年（大正八年）為了興建南門小學校，整建成一條筆直的大水溝，附近則蓋了南門市場，市場的正前方是孔廟，正後方則跨越大水溝，延伸到雄偉的大南門城，幾呈一直線等距的三點。

戰後南門市場逐漸沒落，南門小學校校舍改由台南市政府使用，大水溝北邊在一九五三年興建了一座具備幾何形式及羅馬柱的基督教台南浸信會，市府搬遷後，原校舍則移交建興國中；鄰近的愛國婦人會館在美援時期改為台南美國新聞處，美援結束後一度作為台南市立圖書館中區分館；斜對面的台南神社在戰後改為忠烈祠，外苑也於一九五三年變更為忠義國

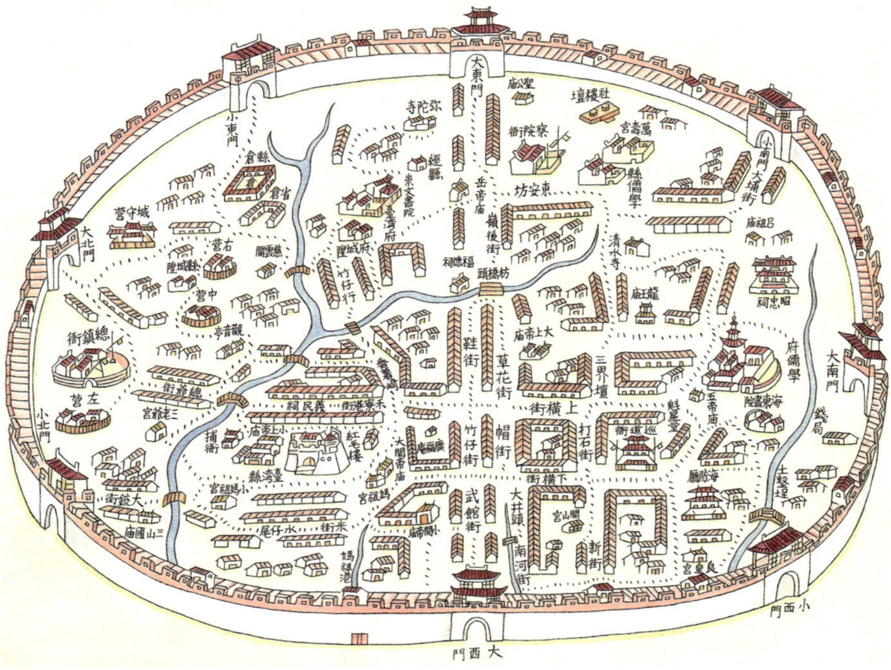

1807（嘉慶12年）的城池圖中可見左右兩條大溪流，左側為德慶溪，右側流經府儒學、海東書院與大南門之間的則是福安坑溪。

（《續修台灣縣志》城池圖，1807年，社團法人台南市文化協會提供）

小校地，一九六九年神社建築拆除後幾經變遷，現在則是台南市美術館二館（台南國家美術館籌備處）。

至於福安坑溪，在戰後則有許多區段加蓋成箱涵而沒入地下，被稱為南幹線（德慶溪則是北幹線），從此不見天日。隨著時間遞嬗、地貌變化、人事更迭，福安坑溪兩旁如今是全台古蹟密度最高的區段之一，然而，唯有在浸信會到建興國中這個區段，看得到當年的古河道。而這一帶的厝邊頭尾，正是莉莉水果店故事的起點。

如今只有在府前路的浸信會到建興國中這個區段，看得到福安坑溪當年的古河道。

1 戰前的府城人家

莉莉水果店所在的府前路一段，在清代隸屬寧南坊，轄內最負盛名的孔廟建於一六六五年（明鄭永曆十九年），是鄭成功之子鄭經採納諮議參軍陳永華建議所興建的全台第一座孔子廟，更是清代台灣的最高學府，有「全台首學」的美稱。其中除了先師聖廟，還設有大成殿、明倫堂、朱子祠等，並在康熙年間經過幾次翻修、增建，到乾隆年間，整體建築規模趨於完整，成為孔廟的全盛時期。此外孔廟西側還有一七二〇年（康熙五十九年）創立的海東書院，規模龐大，一度是全台書院之首，但前後搬遷過三次，直到一七六五年（乾隆三十年）才又在孔廟旁重建。

這一區既有全台首學，又有海東書院這座首善書院，在當時可以說是

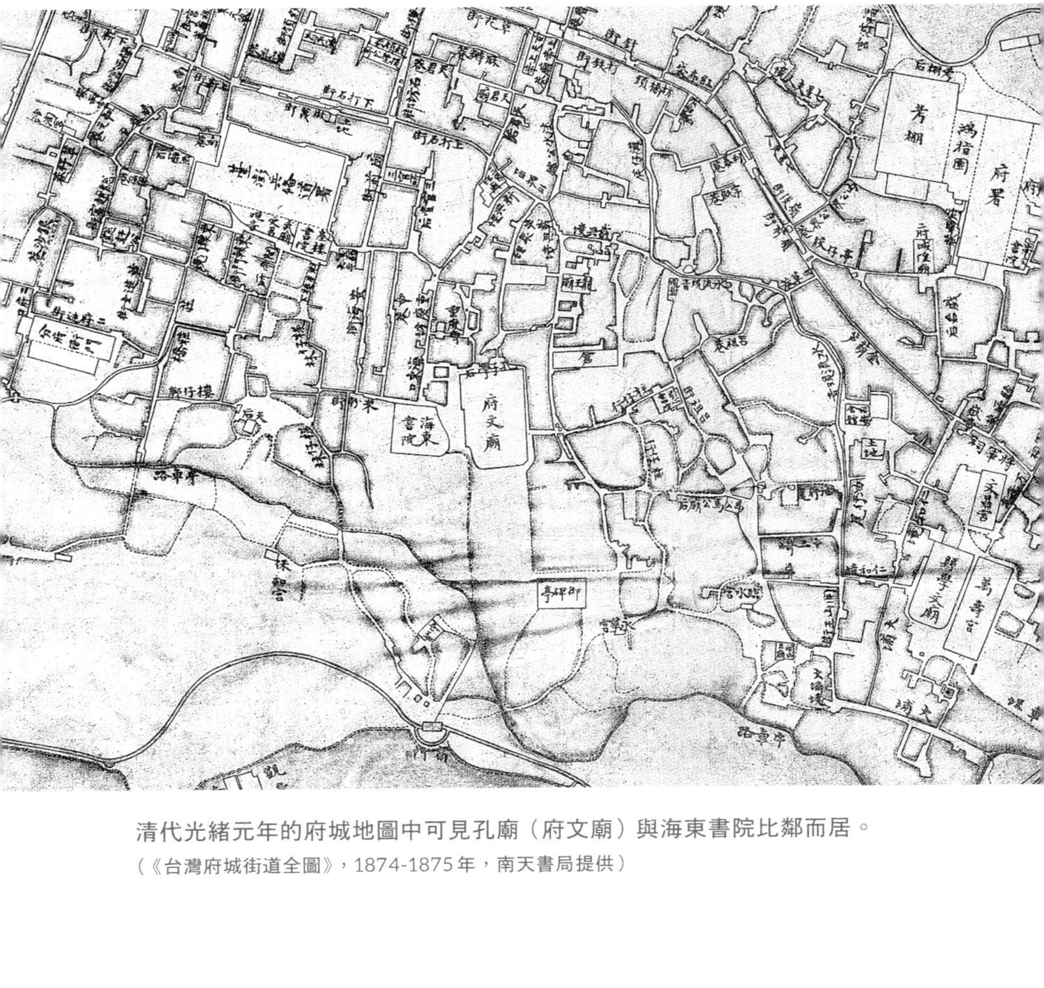

清代光緒元年的府城地圖中可見孔廟（府文廟）與海東書院比鄰而居。

（《台灣府城街道全圖》，1874-1875 年，南天書局提供）

府城書香氣息最濃厚、人文最薈萃的文教中心。尤其孔廟學區形成後，這裡的生活機能也變得更集中，鄰近孔廟的空地在康熙年間便發展出傳統集市，那時候當然還沒有塑膠，也沒有瓦斯，牛車是用木材搭的，油燈點的是番仔油，大約凌晨三點到五點集市就很熱鬧，直到太陽出來才會散市。現在的建興國中和大南門一帶，過去則是賣柴的柴市，有些人家如果沒有到山裡撿柴，往往就會直接到這個柴市購買。也就是說，北邊是賣農產的菜市，南邊是柴市，大家會在天亮前聚集在這裡進行交易。直到康熙末年，由於人口成長、地方繁榮，集市慢慢分散各地，這裡也就沒落了。

到了日本時代，舊制逐漸廢除，原本寧南坊所涵蓋的範圍改稱南門町、幸町、末廣町等，日本人先是在這一區設立了地方法院（一九一四年）、南門小學校（一九一五年）等司法與教育機關，又選定在法院對面興建台南神社（一九二三年），也就是現在的台南市美術館二館所在地，孔廟南側那塊早年集市的空地，則隨之整建為神社外苑，如今屬於忠義國小的

日本時代明信片中的台南名勝孔子廟。（國立台灣歷史博物館典藏）

腹地。此外，更彷彿延續前朝的集市般，在此建立了現代化的南門市場（約一九二九年），至於早已在明治年間傾頹的海東書院舊址，則在一九三六年（昭和十一年）改建為用來推廣武道的武德殿，也就是現在的忠義國小禮堂。

我外公家起初就位在台南神社外苑對面[1]，以務農為生，生活並不富裕，我的母親李張罔腰則是在一九一八年（大正七年）出生，小名叫「冊」，是家裡的第四個女兒。在那個重男輕女的年代，女性在社會上的地位相當卑微，外公一直希望能添個男丁，但這個心願最終沒有達成。他連生了六個女兒，給排行第三的女兒——也就是母親的三姊取名「旦」，用台語來唸，就是「等待」的意思；母親的名字「罔腰」，是她那個年代女性的菜市場名，指的是隨便生養就好；而母親的妹妹叫「招治」，也就是「招弟」，希望她能「招來弟弟」。

1 今府前路一段的京園日本料理，隔壁則是元祥影印店。

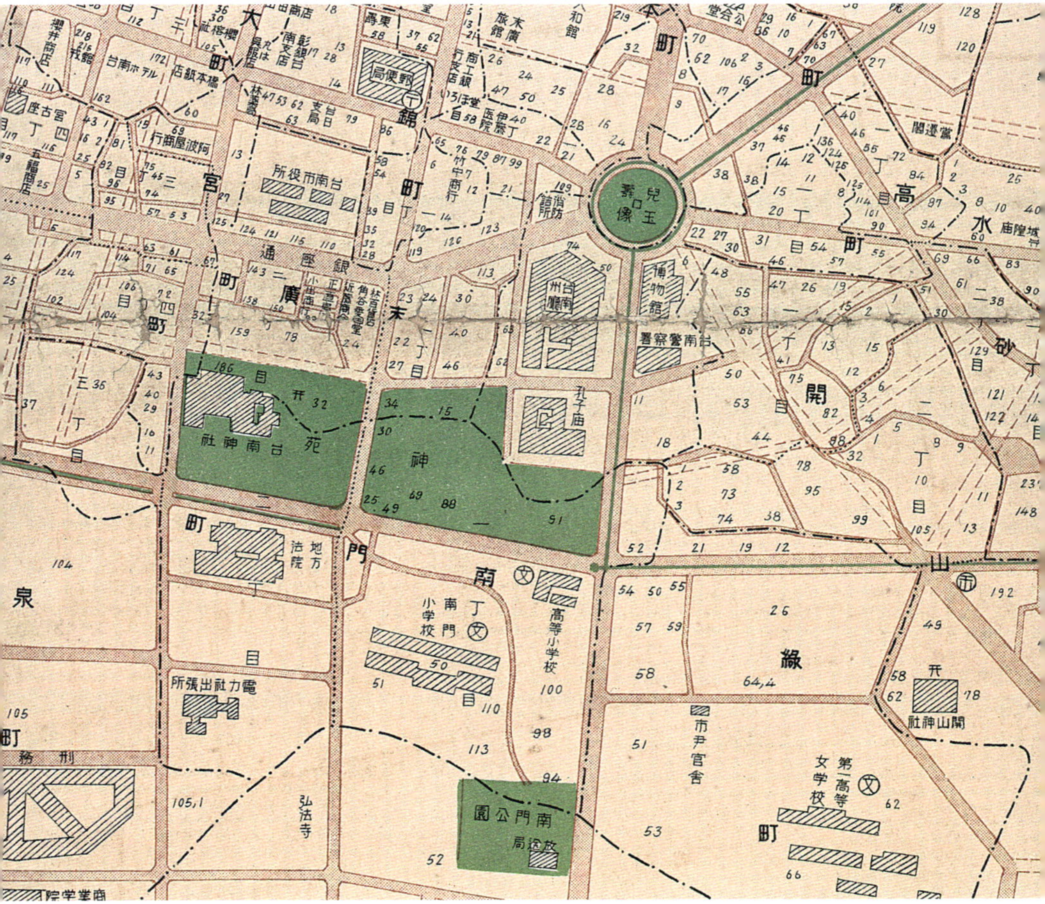

日本時代的南門町涵蓋孔廟、台南神社、地方法院、南門小學校等，日本人還在孔廟西側興建武德殿、西南側興建台南神社休憩所（今誤植為事務所），而我外公家就位在神社外苑對面的南門町一丁目。

（〈地番入台南市地圖〉，1933 年，國立台灣歷史博物館典藏）

母親那一代的台灣女性很少有機會受教育，但在她的印象裡，這一帶曾有許多民宅，還有很多私人開設的學堂，也就是所謂的「私塾」。母親小時候一心向學，曾不斷央求外媽讓她去私塾讀書，最後終於在十三歲那年跟著一位六十多歲、留著鬍子、據說曾經在海東書院教書的先生學習。上課的地點就在先生家的客廳，學生有一、二十個，彼此的年齡差距頗大，以男學生居多，女學生只有兩名，母親便是其中之一。

外媽和她的六個女兒，由右到左分別是大姨、二姨、三姨、外媽、我的母親、五姨和小姨。

當時初入學的學費是七角，先生會用個別指導的方式，讓他們每天背誦兩行《三字經》。母親告訴我這段故事時已將近九十歲，當下卻還能隨口唸出「人之初，性本善」，完整地把《三字經》背出來，可見她的記憶力是多麼驚人。就因為母親如此好學，所以外媽也很希望可以讓她繼續讀書，只可惜讀完《三字經》要接著讀《昔時賢文》時，學費漲到了一塊錢，家裡無力負擔，母親的學習之路就這樣中斷了。

何況對農家子弟來說，幫忙農事才是最要緊的。當時外公家也養了牛，母親小時候會到大林（現在的台南市立棒球場一帶）放牛，那裡還有一整片地用來插番薯、種甘蔗，到了傍晚再把牛牽回家。但住家對面的神社外苑經常會有日本的大人物去參拜，進出地方法院的也都是紳士，在這樣一個達官顯貴出入的地方，把牛養在路邊，又是土砂、又是牛糞，臭氣沖天，所以日本巡查常來找碴，說牛隻的臭味會破壞神聖莊嚴的參拜氣氛，脅迫外公搬家，外公不堪其擾，最後終於把房子賣給一戶羅姓人家，舉家搬到大林。

外公家斜對面的台南神社是日本的大人物時常進出的地方。1923年裕仁皇太子行啟台灣時，也曾到此遺跡所參拜。

（國立台灣歷史博物館典藏）

2 我的父親與母親

大林的新家位在桶盤淺庄，附近有台南四大古剎之一的竹溪寺，西南郊則是內地人和本島人的墓地。竹溪寺南邊有竹溪蜿蜒流過，岸上多竹林，再往南則墓碑林立，氣氛陰森，有如鬼山，直到戰後我出生為止都還是這樣，每次經過這一帶，就算有大人帶路，我也總是會起雞皮疙瘩，只得快步通過。

當時外公的新家北邊還有一座德記牧場，母親每天一大早都跟三姨挑著扁擔去牧場附近的井邊取水，不管吃的、用的還是洗澡水，都得去那裡挑水回來供全家人使用。有一次，我外媽去汲水，偶然聽到鄰居媳婦問另一個人：「你的錢是佮（跟）啥人借的？」對方竟說：「就佮彼个無囝（孩子）的矣。」因為以前的人生女兒都不能算數，沒生兒子就會被當作「無囝的」，實在很沒有道理，外媽一氣之下把錢要了回來，從此不再去那邊取水，而改到鄰近的五妃廟汲水。

五妃廟約創建於一六八三年（明鄭永曆三十七年），祭拜的是明鄭末年寧靖王朱術桂五位殉死的妃子，在日本時代規劃為綠園，北側的一口井自古便維繫著周遭居民的生活，天天去取井水的母親和三姨，更因緣際會在那裡認識了人稱「澎湖權師」的蔡權。蔡權原本住在澎湖，在一八九五年甲午戰爭前後搬到台南，於五妃廟定居，負責灑掃及香火等事務，自然而然成為了廟公，不但獲得官方的認可，還領有薪水。除此之外，他本身也擅長推拿、接骨等國術，是當時聞名府城的拳頭師[1]。

與蔡權結識後，她們自然也認識了蔡家的兒子天生，聽

1 本指精於武藝或教授拳法的人，這裡指的是專治跌打損傷的接骨師。

我母親說，蔡天生小時候非常調皮，當她跟我五姨去汲水時，他還曾把摻雜著刺的土砂一把撈起來撒在水桶裡捉弄她們。沒有想到這個頑皮的蔡天生後來卻中意我母親，還找人來說媒，我母親一聽說對象是他，當然不肯答應，最後是我五姨招治跟蔡家結親。至於母親，則在十七歲那年在二姊的介紹下嫁給我的父親李澤。雖然當時已經有自由戀愛的風氣，但人家說「長姊如母」，我二姨又兇又有威嚴，一聲令下，我母親不嫁也不行。

五妃廟的古井至今仍在。

我的父親於一九一二年（大正元年）出生在永康大灣，是阿公李豆干的第三個兒子。由於那時老百姓的生活條件普遍困難，所以很多大灣人會選擇到繁榮的府城尋求更好的發展，父親也是。他十七歲來到府城，跟著日本人安武先生學習園藝，安武夫妻不僅對他視如己出，還讓他接受教育，在植物栽種的理論和實務方面都奠定了良好的基礎，學有所成之後，父親便在府城從事園藝方面的工作。

當時南門町設有東京興農園[2]台灣支店，囊括各種園藝相關事業，除了銷售種苗、球根，也販賣盆栽、肥料、農藥等，甚至包辦婚喪喜慶的花籃與庭園造景，我推測父親應該就是在這裡服務。從日本時代的地圖看來，這間公司位在後來的愛國婦人會館一

2 日本農業學者渡瀨寅次郎為振興日本農業，於 1892 年（明治 25 年）在赤坂溜池創立東京興農園，最初從事種苗與農具的銷售與改良等，後逐步擴大經營，在 1913 年來到殖民地台灣，於台南設立支店，並開發第三、第四農場。

（宇野豪，〈近代日本における国民高等学校運動の系譜（7）興農学園とその指導者たち〉，《広島修大論集》第 43 卷第 1 號，廣島修道大學人文學會，2002 年。）

帶，緊鄰南門市場，當時轉角有一所台南高等小學校，與台南商業補習學校共用校地，校內還設立了南商實習商店「勉強堂」[3]，提供學生實習的機會。

我父親個子不高，身形比較瘦小，母親則是高個子、漂漂亮亮的，所以我哥哥和姊姊遺傳到母親，都比較高大，我的話是遺傳到父親的矮個子，又像到我母親的塌鼻子。不過人家都說塌鼻子的人緣好，也比較親切耐看，加上母親的個性開朗大方、活潑外向，因此非常討人喜歡，可以說正是具備了生意人長袖善舞的特質，這一點也和內向寡言的父親很不一樣。

---

3 最早為 1921 年創立的台南州台南簡易商業學校，在 1922 年正式設立為台南商業補習學校，隔年遷至南門町一丁目，1931 年更名為台南商業專修學校，後亦屢經更易，戰後一度改為台灣省立台南商業職業學校，即現在的國立台南高級商業職業學校。而南商實習商店最初設立於 1928 年，當時稱為「勉強堂」，即後來劍橋南商教師會館的所在地。

4 《全国著名園芸家総覧》第 14 版，1938 年。

（引自栗野隆，〈日本統治時代の台湾における民間造園技術者とその営業内容〉，《ランドスケープ研究》第 83 卷第 5 號，日本造園學會，2020 年。）

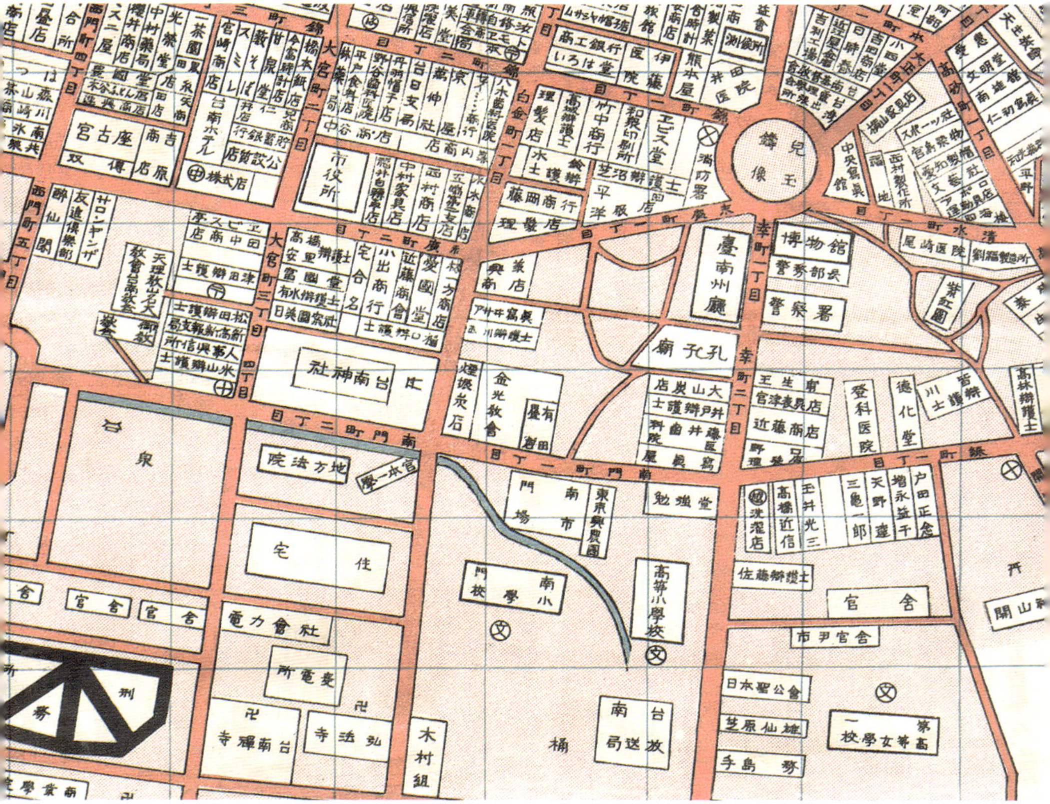

日本時代的地圖中可見東京興農園台灣支店緊鄰著南門市場，其成立於1913年（大正2年），1938年登記的地址為「台南市南門町一丁目89番地」4，至於轉角則為南商實習商店「勉強堂」。

（《大日本職業別明細圖：台南》，1932年，南天書局提供）

父親後來離開園藝界，婚後在南門市場經營蔬果攤，每天一大早就到位於西市場後方、台灣青果株式會社台南支店代辦的果菜批發市場採購蔬果，再載到南門市場，主要由我母親負責銷售。這麼一對外表與性格截然不同的夫妻，就這樣開啟了一段胼手胝足、成家立業的故事。

當時台南商業補習學校曾與台南高等小學校共用校地。
（《台南市大觀》，1930年，國立台灣圖書館典藏）

以前的人多早婚，母親在17歲那年就與父親結婚，並在隔年生下了大姊。

3 從南門市場擺攤起家

清代府城的市街原本用的都是台灣名，像打石街、竹仔街等，這些傳統的地名對殖民者來說實在看得一頭霧水，所以日本人起初是在一九〇九年（明治四十二年）五月將台南分劃為東西區，又分為甲乙丙丁戊己庚辛八個轄區，到了一九一六年（大正五年）才把住址改成日本的町名，並在一九一九年（大正八年）四月一日率先由台南作為示範區全面實施，比如大正公園就是位在大正町，第一幼稚園在綠町，南門市場則在南門町。當時的報紙上還寫道那時候的郵差送信都要帶著三份地址對照，一份是原本的台灣地名，一份是甲乙丙丁區劃，另一份就是改正後的丁目。

南門市場所在的南門町範圍涵蓋現在的府前路、南門路、忠義路和永福路等，當時有很多日本的機關跟成排的宿舍，除了南門路有警察宿舍、忠義路有法院宿舍、永福路有監獄宿舍，市場北邊還有台南州廳、警察署、水利組合、台南神社；東邊有第一高女、師範學校、第一公學校；南邊有第二高女、放送局、末廣公學校；西邊則有地方法院及南門小學校，是公家機關集中的行政中心，也是文風鼎盛的文教區。

至於市場的建築，大約興建於一九二九年（昭和四年），以紅磚為主柱，並以大木建造屋頂橫梁，結構很牢固，前後出入口還各有兩扇木製大門，前門面向神社。市場面積約有兩百坪，分成東西兩排攤位，中央則是走道。在這之前，傳統市場大多在路邊擺攤，往往導致市容雜亂，還有礙衛生及觀瞻，尤其那時有很多人死於瘧疾，據說北白川宮能久親王當年也是染上瘧疾而病死在台南磚仔橋吳厝（即宜秋山館，初為遺跡所，後改建為台南神社），所以日本人很注重衛生，陸續在各地規劃、興建現代化的市場，並制定營業管理辦法——南門市場便是日本政府設立的以日本人為對象的市場。當時的場長是日本人，負責管理整個市場，買賣規則極為嚴格，進貨的農產品都要合法，起初還規定必須是讀過小學、懂得日本話的生意人才可以固定設攤經營，而且官方每月會補助五圓來鼓勵業者。

當時東側第一個攤位是日本人大田桑經營的花卉、蔬果和種子買賣，隔壁是魚販，由印伯（黃金印）提供貨源、賊仔叔（蔡賊）家族和親戚金葉姑負責在現場經營；接著肉品部有讚伯（張讚）及東門陳組合，前台南市長張燦鍙的父親張烟塵也是在這裡跟人合股賣豬肉。再下來則是雜貨部，由許輝茂經營，也有賣醃瓜、醬料的，最南邊靠近後門口的是事務所，也是電話聯絡處，聘請了一位很得人緣的戴小姐（阿雲）負責接線跟廣播放送。西邊第一個攤位叫源福，經營食品罐頭及汽水，隔壁還有福伯販賣粉圓、米糕粥，再往後就是我的父母親所經營的蔬果攤，攤位有兩三格，並不算小，這些都是市場開基時固定經營的業者。

上圖／1930年（昭和5年）的南門市場，主要服務日本人，台灣人要買菜的話通常是到西市場。

（《台南市大觀》，1930年，國立台灣圖書館典藏）

下圖／俗稱「大菜市」的台南西市場。

（《台灣拓殖畫帖》，1918年，國立台灣圖書館典藏）

南門市場跟過往的露天集市很不一樣，既整齊又乾淨，母親說日本人買菜相當守規矩，從來不會爭先恐後。戰時物資缺乏，因此食物採配給制，比如豬肉每包規定五兩裝、每個人最多只能買兩包，發放配給時，日本人都會乖乖排隊。尤其日本婦女很有禮貌，常有穿著典雅和服、踩著木屐的婦人來買菜，噓寒問暖之餘，我母親和這些太太慢慢建立起良好的情誼，日本話也越來越流利。大姊曾說母親在市場的人緣很好，因為她個子高、體格好，又愛漂亮，出來擺攤時都會稍作打扮讓自己看起來體面、有精神，排隊購買的日本婦女往往被她的優雅與親切所吸引，有時客人排著隊等她出來秤重，等到她終於現身，整排隊伍還會一起鼓掌叫好。

除了在南門市場賣蔬果，父母親也就近在旁邊搭建克難的木屋當作住所，我們手足都是出生在南門市場，母親除了擺攤做生意外，還要分心照顧家中幾個成長中的孩子，尤其辛勞。所幸後來批發事業與零售生意上軌道，生活逐漸好轉，因此我們家在戰前那段時間算是過得不錯的。

日本時代的家族合照，由左至右分別是父親、大哥、母親、二哥、四叔夫婦和大姊，最右邊的人則是長工，拍攝背景是當時的台南神社外苑休憩所（但現在被誤植成事務所）。這座建築如今已修復完成，就位在府前路與忠義路口的轉角、忠義國小校內。

父親戰前於台南神社境內的成功溪畔留影。

昭和16年（1941）左右在南門市場所拍攝的照片，坐著的是我的母親，左一是小姑姑，四個小孩由左至右分別是我的二哥、三哥、大哥和大姊。

4 家人的戰時記憶

一九四〇年（昭和十五年）二月，愛國婦人會館落成開幕。這一年剛好是日本皇紀二六〇〇年，也就是從第一代神武天皇即位那年算起的第兩千六百年，因此當年的報紙上可以說從年頭慶祝到年尾，不是只有區區幾天而已。至於愛國婦人會館，顧名思義，就是隸屬愛國婦人會的館舍。這個團體最初是在一九〇一年由日本九州的婦女奧村五百子[1]創立，旨在號召女性投身社會服務、發揚愛國精神，除了日本內地，還涵蓋殖民地各

1 奧村五百子（1845～1907年）是日本幕末到明治時期的社會運動家，曾在1900年八國聯軍之際於戰地親眼目睹士兵傷亡慘狀，有感於返鄉的士兵與遺族需要各種支援，因而於隔年成立愛國婦人會，於日本各地舉辦演講會、發起捐款活動等，並呼籲女性積極參與。

落成不久的愛國婦人會館。
(《愛國婦人會台灣本部沿革誌》，1941年，國立台灣圖書館典藏)

處。台灣的愛國婦人會總部位在台北州，其他像新竹州、台中州、高雄州也都有支部，而台南州支部就位在離南門市場不遠的地方。

母親回想起日本時代，由於市場鄰近愛國婦人會館，附近的婦女幾乎都會響應日本人的活動，所以她也經常被動員到愛國婦人會館後棟的赤十字社[2]幫忙製作救濟用的紙扇。大姊和大哥也曾說過，他們小時候對這棟建築印象最深的，是開幕時整個庭院廣場擠滿了圍觀的民眾，愛國婦人會的人員不但分送美味的日本甜點給周遭居民，還把點心從二樓撒向人群，大家搶成一團，熱鬧滾滾。順利搶到手的人，有的當場大口地吃了起來，有人則是一小口一小口地慢慢品嘗，一直到長大成人，他們都還記得當時那不知名的紅豆糕點甜滋滋的味道。除了愛國婦人會的召集，母親當年也曾參加日本的保甲婦女團，藉由

2　指日本紅十字會。

母親在1940年（昭和15年）10月15日參加台南警察署大宮聯合保甲婦女團結團儀式時於台南神社的紀念合影（第三排右二）。

鄰近婦女團體的聯誼，來宣導保甲制度的精神，落實團結一心、守望相助的功能。

當時除了市場的管制越來越嚴格以外，到了戰爭末期的一九四五年（昭和二十年），二哥悉安清楚記得，三月美軍B29轟炸機轟炸台南機場及台南州廳（現在的國立台灣文學館），導致州廳一帶陷入火海的情景。父母親當時帶著我的兄姊前往大灣的阿公、阿媽家避難，但二哥偏偏在這時染上嚴重的瘧疾，命在旦夕。因為大灣沒有醫生，加上戰況激烈、空襲不斷，萬般無奈下，父親原本打算要放棄這個孩子，但是母親卻堅持到底，捨命也要救回兒子。

那時整個台南市區幾乎淪為空城，醫生也都疏散到鄉下。為了確保市民的健康與醫療，日本政府仍強制規定醫生每週一、三、五上午必須到市內看診，其餘時間則可以休診。於是母親為了趕上看診時間，天剛亮便準備了飯糰和水壺，一個人背起已經二十多公斤的兒子，從大灣往市內出

空襲後滿目瘡痍的台南市區，照片中央的圓環是大正公園（後來的民生綠園，現在的湯德章紀念公園），當時圓環中心尚可看到兒玉壽像，右上角則是台南州廳，馬薩屋頂和兩側衛塔的圓頂已不復見。（照片來源：陳淵源）

發，步行將近兩個小時到民生路的全成醫院就診。

全成醫院的侯全成院長是台北醫學專門學校[3]出身的台南名醫，曾旅外數年，回台後和姊夫高再得[4]合開再生堂醫院，之後又獨立出來，自行開設全成醫院。由於當時物資非常缺乏，藥物更是匱乏，醫生都會很小心地斟酌用藥量，但據說看診時，侯醫師見到我母親和二哥兩人，便明白母親為了救兒子不怕身陷危險，於是心生憐憫，幫他們多開了幾天的藥。

看完診後，母親就又背著二哥走一兩個小時的路回大灣——那一趟路的確可以說是冒著生命危險，路上遇到空襲時，她就背著二哥、頭戴防空頭巾，連爬帶滾地跳進大水溝，等到空襲警報解除後再爬出來。儘管兩人全身沾滿泥漿、灰頭土臉，她卻摘下了防空

3　國立台灣大學醫學院前身。

4　台南名醫。出身長老教會家庭，自長老教中學畢業後，於彰化醫館（現在的彰化基督教醫院）習醫數年，之後回到台南開設再生堂醫院。與蔡培火為姻親，也曾於台灣文化協會擔任理事，致力於台灣民族運動。

位於民生路的全成牙醫診所是侯全成之孫侯良信醫師所經營，不僅保留著當年的老建築（曾經翻新）以及門口的「全成醫院」四字，也傳承了醫生世家的衣缽。

頭巾，拍拍身體，彷彿沒事一樣又背著兒子繼續趕路。就這樣，在母親的悉心照顧下，過了不久，二哥的病終於痊癒了。

我的家人那時在大灣躲空襲一段時間，戰爭結束後才又回到南門市場。然而隨著日本政府離開台灣，市場逐漸凋零，父母親於是將原本的攤子遷到愛國婦人會館旁，除了賣水果，也做起了麵攤生意。

我的母親與三個小孩，由左至右分別是大哥、大姊和二哥。

5

戰後台南第一代青果人

日本時代的府城是台灣最熱鬧的城市之一，也是全台農工商業的重鎮，嘉南平原生產的農產品多以府城為集散地，從這裡批發分銷到各地，範圍包括今天的南嘉義、大台南地區及高雄路竹一帶。當時由台灣青果株式會社台南支店負責這項批發業務，專為青果蔬菜業者服務，市場周邊聚集了許多生產者、承銷商、零批商和小販，每天清晨三點多開始就熱鬧滾滾，人潮絡繹不絕。

婚後在南門市場經營蔬果攤期間，父親開始接觸青果批發的業務，逐步了解市場的機制與脈絡，後來曾以「山澤仲買人」的牌號從事青果批發事業，也曾經在青果批發市場擔任行情鑑定員。所謂仲買人，是早期替人仲介買賣、從中賺取佣金的人，也就是現在的承銷商。

戰後，青果批發市場的經營由台灣省農林處接收，但由於政局尚未穩定，原有的批發業務逐漸陷入混亂。一九四六年，我的父親與陳榮河等多位資深青果人熱心奔走，積極向台南市政府爭取承包青果蔬菜批發業務，還前往拜訪台南知名的律師柯南獻，希望得到他的支持。

柯律師出生於北門，畢業自日本明治大學法律科，並通過日本辯護士考試，回台後在台南市開設事務所，之後還曾當選台南市參議員。父親和陳榮河兩人與柯律師會談後，得到他大力支持，又歷經多次協商討論，決議籌組公司。當時發起人共有十七位，於一九四六年五月正式成立，定名為「南台物產股份有限公司」（南台青果），最初選址在中正路和國華街一帶（原台灣青果株式會社台南支店所在地），第一任董事長是柯南獻律師，董事則包括我的父親李澤等七人，另有監察人三名，成立的資本額為舊台幣六十萬元整。由於創立董事大多接受過日本教育，因此公司的組織架構和制度也都參考日本的作法，比起其他公司更為嚴謹而完整。

南台物產公司成立之後，市政府便正式委託公司接續台灣青果株式會社台南支店的業務，成為戰後台灣第一間與台南市政府合作、專門負責果菜批發業務的公司，並獲得經濟部核發營業執照，核准營業執照的項目為「生鮮果菜之仲介，受託拍賣批發事業及其他附帶事業」。雙方並簽訂合作契約，對於市場管理費、仲買人獎勵金、手續費等皆詳細規定，比如以仲買人的資格來說，便規定必須有兩位保證人且每年對保，來證明他是誠實可靠的商人。在南台物產公司所保留的仲買人名簿中，可以看到當時逐一記載仲買人的住址、出生年月日及保證人的職業、住址、出生年月日等資料，顯然都是經過嚴格審核才錄用的。不論是貨主（生產者）或仲買人，都必須經過南台物產公司的審核並發給牌照後，才可以在批發市場交易，交易完成還能向公司領取獎勵金。

1947年5月，南台物產公司成立週年紀念合影。第二排左二就是我的父親李澤，前排右五則是第一任董事長柯南獻律師，地點在大菜市隔壁，背後的木造建築就是公司事務所。

在南台物產公司的努力經營下，原有的仲買人人數快速增加，資料顯示公司成立的第一年，仲買人人數約六十餘人，半年之後增加近百人，可見批發市場的交易情形比過往更加熱絡。也因為南台物產公司有著完善的組織制度，且受過日本教育的主責董事們處理交易糾紛和爭議，皆秉持公正、公平、依法處理的原則，讓許多生產者和零售商願意到台南青果批發市場進行交易。鼎盛時期，南台公司的股東及職員共計數百人，也好幾次得到稅捐處頒發給忠實納稅人的「優良商號」表彰。

左頁上圖／從南台物產公司的〈請領營業牌照申請書〉中可見其設立日期是1946年5月1日，設立的中正路地址在日本時代則是西門町4丁目141番地。

左頁下圖／南台物產公司在1948年的公函中所列的董事名單仍是包括我父親在內的七位董事，以及三名監察人。

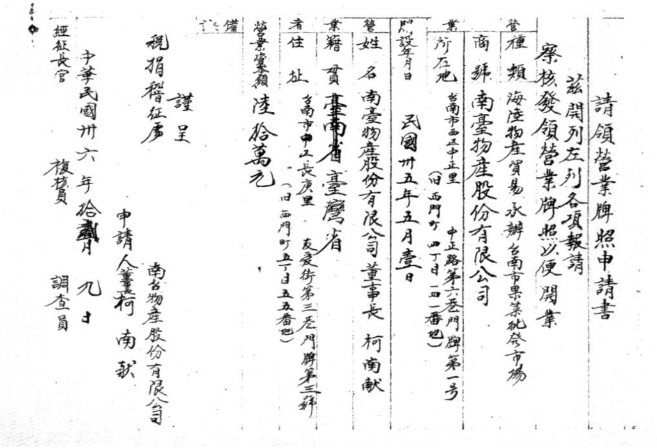

請領營業牌照申請書

茲開列左列各項報請
察核發領營業牌照以便開業

營業種類	海産物産貿易承辦台南市果菜批發市場
商號	南臺物産股份有限公司
營業所在地	台南市西區中正里 中正路第六巷門牌第一号（旧西門町四丁目一四一番地）
開設年月日	民國卅五年五月壹日
營業人姓名	南臺物産股份有限公司董事長 柯南献
籍貫	臺灣省
住址	台南市中區長康里 友愛街第三巷門牌第三號（旧西門町五丁目五五番地）
營業資本額	陸拾萬元
備考	

謹呈
稅捐稽征處

申請人 南台物産股份有限公司 董事長 柯南献

中華民國卅六年拾貳月九日

經征長官　複核員　調查員

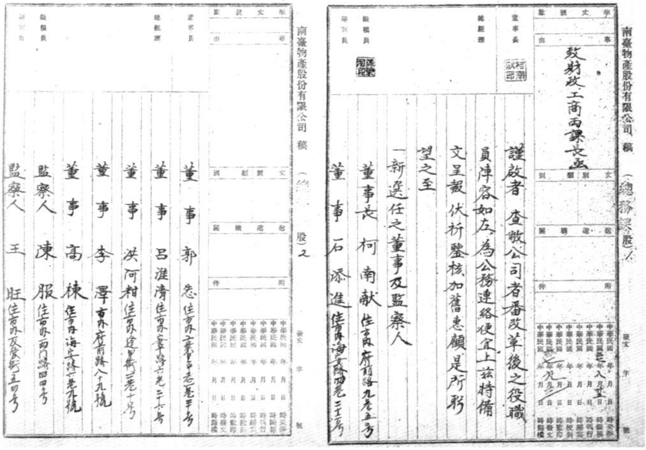

南臺物産股份有限公司稿（總務課股）

致財政工商兩課長函

謹啟者 查敝公司者番改革後之役職員陣容如左，為公務連絡便宜上茲特備文呈報，伏祈鑒核，加舊惠顧是所盼望之至

一 新選任之董事及監察人

董事長 柯南献 住台南府前路九巷五号
董事 石添進 住台南海安路四巷二三号
董事 郭恣 住南市□□□□巷□号
董事 呂淮清 住南市□□路六巷二十六号
董事 洪阿柑 住南市達□街二巷十号
董事 李澤 南市府前路八十九號
董事 高棟 住南市海安路六巷九號
監察人 陳服 住南市西門路四四号
監察人 王旺 住南市友愛街五四号

6 果菜批發市場第一線

果菜批發市場的運作相當複雜，以南台物產公司為例，市場的交易方式分成拍賣與對賣兩種，拍賣為主，議價對賣為輔。所謂拍賣，就是果菜生產者（貨主）委託批發市場的仲買人（承銷商）處理代售；而議價對賣，則是貨主自行販售，但貨品交由市場代為管理，因此貨主必須支付管理費給市場，通常是由出售的貨款抽成支付。負責拍賣業務的公司必須制定嚴謹的交易流程和規範，才能使交易公平，營造買賣雙贏的局面。

一般來說，市場的主要貨源包括鄰近的本產貨以及外縣市託運寄來的貨件，貨主載運蔬果至拍賣市場後，每批貨件必須先「過磅」，市場內會設置數個大型的公用磅秤，並有磅秤組負責過磅業務。這些工作人員要是有業務上的疏失——例如被檢舉疑似過磅不實，就會立即被取消過磅資格，此外磅秤也必須定期校正，種種規定都是為了達到交易的公開、公平。過磅後，由磅秤組組員手寫傳票交給公司拍賣組，上面會清楚記載每批貨件的重量。

每天清晨三、四點，承銷商就會陸續開始在批發市場整理貨件，買家也會先後抵達現場查驗蔬果的外觀和品質，盤算當天要購買的商品，等貨件整理好後，就可以直接向承銷商購買，這是所謂的議價對賣。同時，批發市場的拍賣交易也即將展開，拍賣人員會依照貨品的分類順序，將每批每件貨品的最低喊價標示清楚後，開始進行公開標售。這時市場內會有多處拍賣點，每個拍賣點有一位「搖鐘者」，手持一只長形的鋼製搖鈴，發出鏘鏘響聲，提醒大家拍賣即將開始。可能這處正進行小玉西瓜拍賣，那處正進行芭樂拍賣，搖鈴聲此起彼落，非常緊湊。負責拍賣的人員一手拿著夾有傳票的板子，另一手拿著筆，吆喝現場的承銷商出價，如果有中意的，承銷商便隨即叫價競標，得標後立刻轉賣給零售商及小販。

早年批發市場還有許多拍賣的暗號，包括口語和手勢，都是行內人才懂的。比如喊貨的時候不會直說金額，而是用代號，一是「iù」、二是「sek」、三是「tang」、四是「chin」，那麼十二塊就是「tâi-sek」、十五塊是「tâi-khôan」、二十四塊是「sek-chin」，八十塊則是「pia̍t-á-cha̍p」[1]。這是批發或行口的暗語，如此一來買賣交易時外人聽不懂你的進價，轉手賣給零售商及小販時，就可以光明正大地提高價錢販售。說起來這些暗語已有上百年歷史，現代人已經很少使用，如今也即將絕跡了。

1 早期府城果菜市場使用的販白（交易術語）和魚市場相同，但在嘉義或高雄又會有別的說法，以下用羅馬字標示府城的版本：

1	2	3	4	5	6	7	8	9	10
iù	sek	tang	chin	lêng	kai	châi	pia̍t	khiam	tâi

父親（右一）在南台青果公司留影。

此外貨主只要在市場內有牌，也可以自行喊價，甚至藉由彼此串通的手法哄抬價格。比如一批貨從七、八塊開始喊，但貨主自己心裡盤算有十五塊的行情，那麼通常一開始會喊得很快，九塊、十塊、十一塊地接連往上喊，由自己人在下面飛快地抬價。當人群開始靠過來，也就逐漸進入重頭戲，等喊到了十五塊的行情，貨主便會故意放慢速度，如果有人上鉤，接著喊到十六塊、十七塊，那就正中下懷了。只不過，這種手法通常要很會看眼色，或是透過手勢來串通。

不論如何，成交後，拍賣的「計牌」人員會將交易資料謄寫在傳票上，傳票為兩聯單，當中有貨件的品名、等級、單價、成交金額小計、成交金額總計等欄位，一聯交給貨主或承銷商，另一聯交回公司給會計算帳，作為結算銷售金額的依據，確認哪個貨主應該跟哪個批發商收多少錢，之後貨主或承銷商就會到公司的會計那邊支領貨款。

這項交易傳票制度，是南台物產公司為了使交易結果透明公開而設立的，此外還特別設立了獎勵制度，將公司的傳票分成兩種：經由私下對賣完成交易的傳票為藍單；透過公司拍賣完成交易的傳票為紅單，貨主或承銷商可以依據傳票向南台公司請領獎勵金。一般而言，紅單的獎勵抽成金高於藍單，用意就在鼓勵貨主和承銷商持續來果菜批發市場進行交易。

如果有臨時想要在批發市場交易的貨主，南台公司也同意提供場地讓他們進行交易，但貨件仍須過磅，且必須等到所謂的公司貨都處理完，才能處理這些臨時貨件，因此比較不容易搶到好商機，而且交易完成後也無法領取公司的獎勵金。但由於當時南台物產公司經營的果菜批發市場相當熱絡，許多貨主都主動來到這裡做買賣，因此還是常常有臨時貨件大排長龍，等待交易。批發市場的蔬果拍賣大約從每日清晨四、五點開始，持續進行到早上八、九點結束，整個清早的市場交易極為緊張又熱鬧，正是商場如戰場的寫照。

7 沒有招牌的竹仔厝 開啓府城貼食先例

南台物產公司創立的一九四六年，國民政府開始進行新舊幣的轉換，將原本通用的「台灣銀行券」改換成「台幣兌換券」；一九四八年後，台灣面臨嚴重的通貨膨脹，台幣大幅貶值；隔年情況依舊嚴峻，政府為了恢復經濟秩序而著手幣制改革，其中對普通百姓影響最大的，就是在當年一九四九年六月十五日實施舊台幣四萬元折合新台幣一元的制度。這使得台灣人民不管原本的經濟狀況如何，舊台幣一旦兌換為新台幣，價值便瞬間縮水。尤其當時手頭握有現金的，鈔票幾乎淪為廢紙，加上物價波動、一日三市[1]，台灣的經濟也就從日本時代的繁榮急轉直下，陷到谷底。

此外當時針對市場的管理辦法還沒有銜接上，管理鬆散導致惡性競爭，使得正規的市場經營者逐漸被場外交易的攤販淘汰，南門市場也受到衝擊，生意一落千丈。由於攤商各立門戶，甚至在市場內搭建住所，久而久之南門市場就淪為有名無實的市場，我們家原本的生意也因為這番變遷，不得不劃下句點，生活可說是雪上加霜。在這段空窗期，身為一家之主的父親仍努力試圖重起爐灶，四處奔走，在柯南獻律師等人的協助下，才終於成立了南台物產公司，承接戰前台灣青果株式會社台南支店的業務。

除了擔任公司董事之外，父親後來也與友人合股成立行口，取名為「山宗合成青果行」，從事甘蔗批發，人稱「甘蔗李」或「南門李」。他長年以公司為家，在困苦的大環境中靠著微薄的薪水養活一家人。另一方面，剛好在一九四七年，二姨

1 形容一天以內早、中、晚物價不一，波動極快。

決定出售位在府前路愛國婦人會館旁的店面[2]，母親便用僅有的積蓄買下來，搭建簡單的竹仔厝做生意——這間沒有招牌的竹仔厝，正是莉莉水果店的前身。

由於父親職務上採購方便，因此仍舊從事水果零售生意，另一方面也經營起麵攤，一側賣水果，一側賣擔仔麵、米粉湯、魚丸湯及扁食湯等熱食。由於母親待人溫和、親切有禮，臉上總是帶著溫暖的笑容，讓客人留下很好的印象，加上身懷一副煮食（烹飪）的好手藝，於是受到越來越多顧客歡迎，成功大學和台南一中的住宿生都是我們的客人，又因為靠近台南市政府（現在的建興國中），吸引了許多市府員工前來用餐。

大約在一九四九年，有位來自新營、在市政府上班的麵攤常客，拜託母親午餐時多煮一碗飯給他，免得他天天吃麵

2 當時府前路的範圍為東門圓環到西門路，尚未分段，故地址是府前路 89 號，也就是現在的府前路一段 199 號。

當時蓋房子還很少用到水泥，只有用竹材建造。在這張拍攝於1957年的照片中，依稀可見左側是水果攤、右邊是麵攤，也還沒有掛上招牌，一直靠著好口碑吸引顧客。至於照片中央的人則是二哥悉安。

吃到反胃。母親一開始並沒有答應，但對方屢次請求，她想著如果能讓這些在外打拚的人好好吃一頓也是一件好事，一時心軟便答應了——沒想到就這樣一傳十、十傳百，不到一年，就有上百人來要求「貼食」。

「貼食」指的是月結包飯，也就是提供客人每天的便當，並統一在月底結帳。當時的收費標準是每個月三百元，一天提供早午晚三餐，再依照實際供餐的天數和餐數調整金額，如果只包午晚兩餐，一個月就是兩百四十塊。四哥光昭記得母親說過這些都是辛苦的出外人，又沒有家室，如果可以服事他們，又能養活我們這群孩子，豈不是一舉兩得。那時在府城還沒有店家提供這樣創新的服務，我母親的小麵攤是頭一家，她的這份善心，意外開啟了府城貼食的先例。

當時的早餐會提供稀飯配豆腐和醬菜；午餐和晚餐供應白飯，並淋上香噴噴的肉燥和肉汁，有魚有菜，店裡更會提供免費的熱湯。為了滿足大批客人，母親每天清晨四點就要起床準備一整天的食材，便當裡必備的半顆

父親於1950年代在竹仔厝所拍攝的珍貴照片。

鹹鴨蛋，還是向吳園[3]的後代吳源慶家購買的。

記得吳家那時尚未改行賣米糕跟油飯，而是在賣鹹鴨蛋和皮蛋，他們家就位在市政府旁邊，一九六〇年代初，母親經常派我去買鹹鴨蛋。吳家的房子有著四扇橫向的木拉門，每次走到門口，拉門幾乎都是緊閉的，只留下一條狹窄的縫隙。我常常從這道門縫觀察吳家人的工作情形，他們會拿著兩顆蛋互敲，非常仔細地聽著敲出來的聲音，藉由這個聲音來判斷鴨蛋的好壞。

直到二十年前，有次我去拜訪吳源慶一家，終於開口詢問老闆娘當年是怎麼利用這種方式來判別鴨蛋。熱心的老闆娘表示兩顆蛋互敲，好蛋的聲音清脆響亮，可以拿來做鹹蛋或皮蛋；要是聲音低沉，那顆蛋的蛋殼就一定有瑕疵，要是拿來加工製作，恐怕醃蛋的醬汁會滲到蛋裡去，因此便會低價給麵包店收購或是由母親買回來煎荷包蛋。

那時鹹鴨蛋買回來都要自行剖半，母親不知從哪裡學來的好功夫，總是能將包覆在蛋白裡面的蛋黃剖得剛剛好，兩邊的大小幾乎一樣，雖然我偶爾也會幫母親剖蛋，但不如她刀法俐落，可以把蛋黃剖得平均又漂亮。

在貼食生意最興盛的時候，母親每個月都必須負責一百多人的包飯，對象包括鄰近的市政府、電信局、稅捐處、郵政局、電力公司、警察局與銀行的員工，以及外地來的單身漢和學生等。此外韓戰與越戰接連爆發，台灣成為重要的航空基地，飛往越南的美軍飛機大多會在台南維修，加上不少本省和外省精英受雇於亞洲航空[4]，所以每天差不多都還會有二、三十個台南機場的亞航工程師來貼食。這些人中午帶著便當去公司炊熱，晚上來吃晚餐時，就順便把空的鐵便當盒拿過來洗，隔天早上母親再裝飯讓他們帶去中午吃。印象中，亞航的員工有的穿白衣，有的

3 吳園為清代富紳吳尚新所興建的園林，名列台灣四大名園之一。

4 亞洲航空（Civil Air Transport）是韓戰後正式成立的航運公司（前身為空運隊），在越戰期間大量執行美軍軍機的維修任務，是美軍當時在太平洋地區最重要的維修基地。

穿帶點土灰色的衣服，背後都會有亞航的英文縮寫「CAT」。

這段時期母親堅持一年三百六十五天營業，逢年過節也不曾休息，除了睡覺時間以外，眼睛睜開就是工作。這份貼食生意一做就是十三年，如今回想起來，那份堅忍的毅力與奉獻的精神，真是超乎想像。

母親在貼食生意後期的1960年代所拍攝的照片。中間為廚餘桶，住在灣裡的大姨的兒子（左）每天都會來載廚餘回去餵豬。

8 美援時代下府城第一杯鮮榨果汁

戰後政治、經濟和社會上的諸多動盪，不只影響著我父親所經營的南台物產公司和我們家的貼食生意，竹仔厝隔壁的愛國婦人會館更是首當其衝。當時日本赤十字社將各地的愛國婦人會館全部移交中華紅十字會，一九四六年，國民黨向台南市政府借用原愛國婦人會館前棟辦公，由國民黨台南市黨部進駐，後棟宿舍部分仍留給紅十字會使用。一九四八年，國民黨市黨部又將前棟租給美國大使館新聞處[1]，導致地上物產權發生糾紛，經過兩年多的交涉，政府將會館後棟「不定期無償撥借予紅十字會」，前棟則仍出租給美國新聞處，至此，這項糾紛總算平息。

儘管穿和服的日本婦人前腳剛走，穿軍服的美國大兵後腳就來，但不管時局怎樣變動，語言和人種怎樣不同，對我的父母親來說，最要緊的，仍然是顧好一家溫飽。

當時我的大姊基密正就讀省立台南家職（現在的家齊高中），聰明又伶俐，是母親生意上的好幫手，每天放學後就跟著母親顧店，幫忙賣水果、顧麵攤，母女間的情誼不僅宛如姊妹，更培養出了深厚的革命情感。而且大姊不只聰明，還很有生意頭腦，不時會向中盤商批一些肉桂、甘草、糖果回來，到學校賣給同學賺取零用錢。一九五〇年畢業後，她更一度在美新處處長家幫傭（那位處長的名字很好記，我們都叫他孔固力棟[2]），半年後又被介紹去美軍合作社[3]服務。

1 即台南美國新聞處（USIS Tainan），簡稱台南美新處，專轄台美外交領事與文化交流事務。

2 即台南美國新聞處第二任處長康國棟（John D. Congleton），於 1952 年 11 月就任。

3 即美軍福利社（Post Exchange），簡稱 PX。

在那個物資匱乏、百廢待舉的時代，一牆之隔的美軍合作社卻像一座處處是驚喜的物資天堂，充斥著我們不曾見過的新奇食物與精巧機器，像是巧克力、牛肉乾、咖啡豆、相機等，在在展現西方世界的富裕和美好。尤其當時府城還沒有水果店在使用果汁機，大姊靠著在美軍合作社任職之便買到了一台，並且利用這台西方來的新式機器，用自家水果打出第一杯新鮮果汁！

台南美國新聞處正門。（王英忠攝影，黃隆正提供）

任職於美軍合作社時期的大姊基密。

大姊（右一）和她在美軍合作社的同事們。

當時不只沒有果汁機，一般民眾也鮮少想到水果可以用「喝」的，然而就在這棟低矮簡陋的竹仔厝，一個小攤子前所未有地販賣起新鮮果汁，許多好奇的民眾因此跑來店裡爭相排隊，就為了喝上一杯現打的果汁，這是府城當時的創舉，也可以說是我們這個果菜攤蛻變的開始。

除了西瓜、木瓜這些尋常的水果可以打果汁，後來還出現了一項很特別的水果，那就是酪梨。那時很少有水果店在賣酪梨，大多數台灣人對這種水果也還很陌生，只覺得吃起來沒味道，一點也不甜，卻不知酪梨油脂含量高、營養豐富，除了做成料理，打成酪梨牛奶更是美味可口。

早年麻豆鎮的文旦農家郭阿璘家裡就兼種酪梨，當時他的大兒子在美國讀書就業，經常見到外國人吃酪梨，讓他想起老家種的酪梨因為大家還不懂得吃而賣不出去，每逢夏天的產季，只能任憑果實熟成落地。於是遠在美國的大兒子打電話給父親，託在成大念書的弟弟將家裡出產的酪梨帶到我們店裡代售，因為「隔壁是美國新聞處，美國人看到就會買」。

沒想到這項在台南滯銷的水果，竟然真的受到出入美國新聞處的美國人青睞，老外不是來包飯，而是來買青菜、水果還有果汁，尤其是酪梨，台南基地的美國空軍第十三航空隊成員到日本度假或出任務時，往往會大量採購。當時掌店的大哥為了應付他們的需求，每次都要專程到麻豆親自採收，也把外國人吃酪梨的方法學了起來，就此催生出向美國人取經的「酪梨牛奶」。但因為多數民眾對這種水果還是很陌生，即使擺在店面販售，未必有客人會選購，因此每到產季，大哥就會用毛筆在桃紅色紙上揮毫，在店面介紹酪梨的來源、吃法等。還記得當時亞航有位外省籍司機連先生，除了國語，英語也很流利，經常會載美國人來買他們愛吃的菜，像是萵菜、馬鈴薯、美國芹菜等，當然也包括酪梨，這時我大哥通常也會給這位司機一點小費。

儘管如此，那時吃酪梨的人口還是很有限，一直要到農業部農業試驗所嘉義分所積極輔導、推廣，以及前總統蔣經國親自品嘗並大加讚賞後，酪梨才逐漸成為麻豆鎮除了文旦、白柚以外最具特色的農產品，甚至鄰近的大內鄉也開始栽種，從台南逐漸普及到全台各地，成為台灣種植面積最大、產量最集中的水果之一，而且食用率年年上升。

營養美味的酪梨牛奶如今是莉莉水果店的招牌之一。

9 改建樓房，取店名「莉莉」

由於大姊在美軍合作社服務，當時「入境隨俗」地取了英文名字，大家都叫她「莉莉」。一九五七年，父親決定拆掉老舊的竹仔厝，改建成如今的鋼筋水泥樓房時，便以大姊的小名將翻修後的店面命名為「莉莉」，並申請營業登記，正式掛上「莉莉水果店」的招牌。

當時我們是和隔壁的天生接骨所一同改建的，天生接骨所的醫師娘是我的五姨，醫師蔡天生則是五姨丈，他的父親人稱澎湖權師，早年不僅會為鄉親醫治骨科外傷，還用類似義診的方法讓患者隨意付費。至於蔡天生醫師，在日本時代是一邊替人治療骨傷，一邊跟朋友合夥經營麻花捲（蒜

大姊的英文小名「莉莉」（Lily）成為我家水果店的店名，沿用至今將近70年。

蓉枝）的生意，還沒開始幫人喬手骨，不過後來跟著父親學，一年兩年過去，到了第十年也就變內行了。一九五二年，他報考中醫師考試及格，正式掛牌營業，同年更獲選台南市中醫師公會第八屆理事長。

蔡醫師剛開始執業的時候，我母親曾告訴他事業才剛起步，不妨也仿效權師讓患者隨喜付費，多少有點收入、過得去就好。後來就跟批發市場一樣，他們也發展出了自己一套收錢的暗語——醫生本人不會向患者提到費用，但會用暗語告訴醫生娘應該收取的金額。所以不管是五十或一百，醫生都是當著患者的面用暗語告訴太太，再由太太轉達患者。蔡醫師後來也發揮從權師那邊習得的草藥學專業，印象中經常和金自成中藥行合作，對症下藥、進行中藥調理，在當時深受好評。

我們家自從一九四七年從二姨手中買下竹仔厝後，就一直跟蔡家為鄰，才會連房子都決定要一起改建。四哥光昭還記得那一年決定改建時，蔡醫師曾說這塊地很複雜，恐怕沒有辦法重建，母親聽了以後，就說要去市政府找負責地政的黃庚林先生談談看，請求他為我們爭取房屋重建案。那一天，母親上著淡妝、打扮得有如日本婦女，獨自前往主事單位，溫文有禮、輕聲細語地陳情，以不卑不亢的態度說服了對方，最終發下了建築執照。

到了拆除的前一天，我們不僅全家總動員一起整理，二哥悉安還特地請美都照相館的王老闆前來拍照留念。當時店前的鳳凰木旁邊有一支白桿站牌，是台南客運①號招呼站（見第七十三頁照片），此外凌亂地停滿了孔明車（腳踏車）。隔壁的接骨所前停著一部引人注目的重型機車，那是蔡醫師在改建前一年向老牌的劉福機車行購買的西德進口ＢＭＷ 500c.c.，要價高達六萬八千元。記得那時候接骨所二樓三間新房的造價也只要十萬元，可見這部機車有多麼昂貴，駕駛又有多麼拉風，印象中他騎了整整二十六年後才轉手賣掉。而我們兩家人與門口的鳳凰木一同入鏡，為在竹仔厝這段艱辛的創業歲月留下美麗的見證。

竹仔厝改建前請美都照相館的王老闆來拍照留念，由左到右分別是五姨丈蔡天生醫師、五姨招治、二哥悉安、友人吳先生及我的父親李澤。

五姨、五姨丈和他價值6萬8千元的BMW機車。

改建後正式掛上招牌的莉莉水果店。

10 福安坑溪畔的童年

那個年代的物質生活雖然算不上富裕，但在我的童年記憶裡，有蓋樹屋、捕蟬、焢窯等休閒活動，尋常而充實。

當時我會自己製作捕蟬的工具：在一根長竹竿尾端綁著細小的竹仔尾，再於細竹尾端沾上黏蒼蠅的黏劑便大功告成，可以拿著這個工具跑到蟬最愛藏身的苦楝樹下，或是在鳳凰木下捕捉會叫的公蟬。我也經常與一群玩伴打赤腳抓蝴蝶、蜻蜓，撈蝌蚪、鰻魚，玩到衣服又髒又溼，甚至忘了吃飯時間，回到家就被母親訓斥一頓。那時候我們小孩子還經常跑到隔壁參加基督教浸信會的主日學，唱詩、聽故事，偶爾還會得到他們發的點心和卡片，也曾趁管理員不在的時候，在拱形大門前的階梯上大玩尪仔標，或是在教堂前的草皮上打棒球，當時廣場上有座防空洞，也是大家扮家家酒的好所在。

印象中府前路福記肉圓總店以前是剃頭店，旁邊是一間很小的書店，由一對夫妻經營，老闆叫陳天賜，我都去那邊看漫畫書，像哭鐵面和笑鐵面，或是牛伯伯漫畫[1]，都是當時的小孩子最熱衷的。後來那間書店搬到南門路，改叫博文書局，之後又改叫翰林出版社，專做學校的教科書生意，而且生意越做越大，如今已經是產業龍頭，等於是從一兩坪的書局開基，發展到現在宏大的規模。

我小學讀的是進學國小，因為家住府前路，所

---

1 哭鐵面與笑鐵面是台灣漫畫家葉宏甲（1923～1990年）作品《大鬥雙假面》的兩位反派人物，出自「諸葛四郎」系列，雙假面與主角四郎鬥智鬥勇的情節引人入勝，是當年最受兒童歡迎的漫畫作品之一。而牛伯伯則是漫畫家李費蒙（1925～1997年，筆名牛哥）筆下的角色，以1950、60年代的兩岸局勢和台灣社會為背景描繪百姓生活，同樣膾炙人口。時至今日，兩者都成為了台灣漫畫的經典作品。

以徒步上下學時都要在這一區的巷道間穿梭。附近日本宿舍特別多，家家戶戶都有黃土庭院和許多果樹，一路上經常會看到芒果、龍眼、蓮霧、蘋婆（鳳眼果）、釋迦、土芭樂、紅石榴、楊桃、羅望子（酸果）及椰子等果樹，幾乎每一季都可以看到果樹開花，有如走在鄉間果園，運氣好的話，還能撿到剛掉落的水果。

那時台南市政府南端是緊鄰大南門城的公共體育場，也是我上學必經之路，每天一大早都可看到許多人在運動，還會辦橄仔球（橄欖球）或踐球（足球）比賽。橄仔球隊中又數當時的長榮、一中、二中、六信、南英隊最為出色，每回比賽都人山人海、熱鬧不已。賽場上會用白粉畫界線，大家都站在線外，我們小孩子則會爬上大南門城去看，大約兩層樓的高度，還有鳳凰木作陪，所有動靜在上面看得一清二楚。選手們踢得拚命，我們也看得入迷，偏偏體育場上只要一起風就會沙塵漫天，有時候還會因此錯過關鍵時刻。

至於家後方的福安坑溪，我小時候還不知道這條溪大有來頭，只當是條大水溝，每次下課後就去溝邊玩耍，尤其下雨做大水後，大溝更是成為小孩子「撈寶物」的寶庫。因為大雨過後會有許多漂流物流過來，重的下沉後堆積起來，我與玩伴就會一起到法院那一段的大溝尋寶，彼此商量好，一人佔據一角，跳進去打撈溝裡的破銅爛鐵，打撈上來的像是金屬銅罐、玻璃酒瓶轉賣給古物商可以換到一點零用錢，但我們通常就近拿去換麥芽膏。這種用一根竹籤捲起麥芽膏再夾兩塊餅的零嘴雖然會黏牙，但小孩子很喜歡，所以總會很努力地去撿破爛，畢竟我們的口袋平常是沒什麼錢的，那時候我甚至曾跟父親約定，考試要考到九十五分才有零用錢。

如今回想起來，讓我印象深刻的，其實不只是那黏牙麥芽膏的甜味，還有殘留在指甲縫中的污泥氣味。每次撿完破爛後，我們的指甲縫就會積滿又黑又髒的污泥，即使將指甲剪掉，過了兩三天，污泥的氣味依舊刺鼻。

尤其是颱風天大雨來襲時，附近果樹樹枝上一些孱弱的芒果早已掉得滿地都是，我們一群玩伴下課第一件事就是回家提水桶，接著開始劃分地盤撿芒果，挑選比較完整、沒破皮的，往往沒有多久就得到滿滿一桶，幾乎提不動。

回家之後，我們會將黃熟果與未熟果分開，童年時喜歡的吃法是徒手將黃熟的芒果搓揉成軟綿綿狀，然後在尾端尖處咬一個小洞，直接吮吸又甜又香的鮮榨芒果汁；母親則常將果肉切成片，讓我們沾醬油當配菜吃，別有風味又下飯。至於未熟果則拿來削皮去籽，縱切成一片片的芒果青，用鹽水洗淨後撒上粗糖，裝在玻璃瓶或鍋子裡，僅需兩三天即可食用，酸酸

在莉莉的菜單上至今都還有手工自製的「檨仔青冰」。

甜甜的青脆果肉被稱為「情人果」，加上刨冰來吃更有甜蜜的情調。

當年台南市政府到浸信會這一段的福安坑溪畔，自日本時代就種有三棵羅望子樹，我們都叫作日本鹽酸仔，那時候府城不少人行道都是種羅望子，一來好種好長，根不會浮出地面；二來樹枝很有韌性，不怕颱風；三來外型優美，現在成大周邊成排的羅望子，也是日本時代種下的。

羅望子就像是帶殼的天然蜜餞，果實成熟、果肉稍微軟軟稠稠的時候，又酸又甜，最是好吃，剝開就可以直接食用；如

羅望子的果樹與果實。

果沒有熟，我們會在焢窯的時候跟地瓜放在一起焢，一旦烤熱了，外層的殼就會冒著泡泡膨起來，雖然吃起來一樣酸溜溜，但熱呼呼的果實大家搶著吃，感覺就是不一樣。因為羅望子並不是那麼好摘，我們小孩子都是趁颱風過後還沒清掃時搶先去掃地，就可以撿很多回來，如果往草長得比較高的地方去，掉下來的羅望子也會比較完整，一下子就可以撿滿好幾包，還會分給門口的警衛一包。

一九六八年實施九年國民教育後，市政府遷移到中正路，原地則設為建興國中，為了增建停車棚，那三棵羅望子樹被砍掉了兩棵，僅存的一棵，正是我小時候覺得最難爬的，因為樹幹很直、腳沒有地方踩。那時我們也會帶木板爬上去蓋「別墅」，再用葉子遮好屋頂，下雨的時候尤其愛爬上去聽雨聲，覺得雨水滴滴答答的很有意思。與羅望子樹共同成長的經驗，養成我至今仍偏好酸甜的蜜餞，也偶爾會到陪伴我長大的羅望子旁，在樹下撿成熟掉落的果實，再嚐嚐那天然而令人懷念的鹹酸甜。

大哥大嫂（後排中間兩位）結婚時，全家於莉莉店前合影留念。前排右邊數來第五、第六位是我的父母，後排右二是正在當兵的二哥，我則站在二哥身旁，當時還是個中學生。

11

記憶中的十字路

府前路兩旁過去種有鳳凰木及金龜樹，當時的路寬約十二公尺，往東直通東門圓環，往西則通往小西門圓環（小西腳），兩處都是戰後頗有名氣的小吃聚集地，可惜在一九七四年和一九七九年分別因為道路拓寬、興建陸橋而相繼拆除。

當時府前路與南門路這個十字路口的三角窗也有棵鳳凰木，旁邊有搭起白色遮陽傘的小販，攤子恰巧就擺在大溝頂，緊鄰著南商實習商店，專賣愛玉、粉粿、粉圓、粉條、甜粽、鹼粿跟杏仁豆腐等點心，夏天一到，生意就好得不得了。我小時候最喜歡加了愛玉、粉條和杏仁豆腐的刨冰，一碗兩角，經濟實惠又消暑。這家攤子的老闆姓李，長輩都稱他「萬隆仔」，他的太太則叫「愛仔」，同時在東北角一家同成理髮廳（現在的克林台包）前面擺流動攤販賣早點，包括豆漿、米漿、杏仁茶、油條等，一碗杏仁茶兩角，油條也是兩角。最捧場的顧客就是通學路上的小學生及亞航的上班族了，因為他們一大早就會在南商實習商店前面等交通車，也就會順便買早點吃。

小時候聽長輩提起南商實習商店，都是用日語稱作「勉強堂」，以前南商的校區涵蓋現在的自來水公司和南門花市，一九三八年遷校到健康路後，就只留下這個位在十字路口的實習商店，提供學生實際練習的場所。我太太在一九六五年就讀南商時，從初級部到高級部，一共擔任了六年的班長，且讀初級部時就經常被派到實習商店。那時店裡會有一位老師值勤，玻璃櫃排列著各種學校筆記簿、文具用品和日常用品，被派去實習的學生就要負責銷售、招呼隨時上門的客人。太太曾說當初到這間實習商店

照片右邊即是府前路與南門路三角窗的鳳凰木，左前方是我常去的同成理髮廳，馬路中央還依稀可以看到人力車，右方則是撐著白色大遮陽傘賣涼水的小販。

實習，面對顧客，感覺比在學校裡面對老師還讓人緊張。

那時的小孩子幾乎清一色理光頭，因此十字路口靠東北處三角窗的同成男士理髮廳，就是我小時候經常去理髮的地方，由於人小座位大，往往得在扶手上横擺一塊木板，坐在木板上才有辦法理髮。理髮廳門前的樹下則有人力三輪車招呼站，記得一九六〇年代左右，從這裡坐人力車到火車站大約三、四塊錢，而且經常會看到老外叫三輪車。有些外國人基於好奇，甚至付了錢之後請車夫坐到後座、他自己來騎，這種時候坐車的人總比騎車的人更緊張，因不熟悉騎術的話，三輪車的把手是不會聽使喚的。

當時一天有好幾次，載滿貨物的二輪人力車夫會停在我家門前的鳳凰木下擦汗——因為前方十字路口的地勢比較高，必須停下來調節一下體力才能一鼓作氣穿過紅綠燈，這時候我們家兄弟跟隔壁接骨所的表姊，總是會自動自發地幫車夫把人力車推過十字路口，體會一番「助人為快樂之本」的意義。

早期民眾的交通工具都以大型巴士為主，否則就是腳踏車或人力三輪車，私人汽機車比較不普遍，直到一九七〇年政府開始輔導轉業，獎勵人力三輪車及加裝馬達載客的三輪車車夫轉開計程車，台南市政府為方便管理，還成立了一家工聯汽車行來處理轉業者申請補助的業務，但一直要到一九七七年，三輪車在台南才逐漸走入歷史。

至於一九五二年創業的克林台包，一開始的店面則是在這個十字路口東南角，也就是現址的正對面（現在是一間花店），比莉莉晚幾年改建，一九五九年才開始在府前路對面蓋樓房，一九六二年正式遷店營業。當時經營的是麵包店跟超級市場，麵包工廠設在市政府跟浸信會這邊的大溝旁，超級市場則進口了很多美國與日本的商品，頗受外國人喜愛。

就在同一年，克林還發生了轟動全台的首件持槍搶劫案，全國報紙連續刊登了好幾天，麵包店竟然因禍得福，生意蒸蒸日上。創店的老闆劉錫堃當時也相當活躍，在那個年代就已經跨海到日本考察、鑽研麵包，並聘請日本知名教授前來進行技術指導，後來還曾在第五、六屆糕餅公會擔任要職。

當時十字路口靠孔廟那一側三角窗還有日本時代留下來的圓形防空壕，靠牆邊有階梯出入口及四個防禦用的小窗，戰後政府在這座防空壕上面的平台加蓋交通指揮台，就可以選擇性地操控紅綠燈。指揮台的左前方也各有雙邊入口，且築有紅磚牆，中間是拱形的土堤遮蓋，內面則是長圓形的防空洞，但當時無人管理，淪為過路人小解的地方，每從旁邊經過就會聞到臭氣沖天，後來才因為道路拓寬而被拆移。

這個路口早年的木製電線桿後來被水泥柱取代，到了現在，市區的電線已完全地下化，而周邊高樓林立，交通繁忙，商店形形色色，展現出現代化都市的活力，而我至今仍懷念著過往淳樸濃郁的鄉土味。

克林台包創辦人劉錫堃先生。（克林台包提供）

克林台包最初位在現今店址的對面，後來才搬到對街新建樓房。
（克林台包提供）

改建後全新開業的克林店面新穎、商品種類豐富，吸引不少人潮。
（克林台包提供）

12 台南美新處的「美國味」

前身是愛國婦人會館的台南美國新聞處就在莉莉隔壁，由於專責外交領事及文化業務，美國人都會到這邊來辦理業務，加上附設圖書館，因此出出入入的人不少。圖書館位在一樓，是美國文化的交流中心，不只提供美國人使用，也開放台灣人利用，西側的迴廊和庭院相連，有茂密的樹葉和綠化的韓國草，環境靜謐怡人，平常都會播放西洋古典音樂，書香與旋律滿室。裡頭不僅收藏各種英文書刊、美國雜誌，還有香港發行的中文月刊《今日世界》，內容很扎實，照片

1 分別指成功大學、台南師範學校（現在的國立台南大學）、台南一中、台南二中以及省立台南女中（現在的國立台南女中）。

也都拍得很漂亮，所以當時成大、師範、一中、二中、省女[1]的學生放學後都喜歡到圖書館吸收新知。

除此之外二樓西邊有一間小禮堂，也稱為放映室，當時的文化助理林澄藻先生經常會用三十三轉的黑膠唱片介紹古典與現代音樂，有時也會邀請海內外音樂演奏家進行藝術文化交流。每天晚上七點還會免費播放影片介紹美國風景、美國文化，像美國火箭上太空、

《今日世界》有充實的內容和彩色圖片，當時是青年學子熱愛的讀物。

太空船登陸月球的科技影片幾乎場場爆滿，民眾排隊甚至排到南門路口去，當然我也是忠實觀眾之一。此外還有黑人吹奏薩克斯風的影片，對我來說都是非常大的文化衝擊，至今記憶猶新。

圖書館有位職員王英忠先生也很熱忱，時常帶著放映機開車到鄉下巡迴，播映自然風景、科技資訊、城市文化、藝術鑑賞的影片，觀眾看了也都興奮叫好。和對面弘揚東方文化、儒學思想的孔廟剛好隔著一條街，正接受國民教育的台灣青年學子，當時都為西方的科學文化深深著迷，流連、沉浸在絢麗、自由、創新的思維裡。

美國新聞處圖書館的環境設備在當時可以說非常好，我印象中已經裝了冷氣，而且窗戶大、採光佳，還有飲水機，一中跟省女比較用功的學生都會去那裡K書。反觀我比較不愛讀書，喜歡去圖書館純粹是因為那裡有很濃厚的「美國味」。比如那時候一般台灣民眾用的都是玻璃杯，也還沒有塑膠杯，美新處用的卻是白色紙杯。光是那麼一個紙杯，都讓我覺得充滿

上圖／台南美新處處長康國棟（左八）與事務人員合影，其中左二為王英忠先生，左六為林澄藻先生。（黃隆正提供）

下圖／台南美國新聞處西側的迴廊。（王英忠攝影，黃隆正提供）

了美國氣息，有時候別人喝完水就把杯子扔掉，我還會去撿回來重複使用。又或者是和美國人擦肩而過時，也總是能夠馬上聞到對方身上的氣味，跟我們的汗臭味不一樣，也不知道是原本的體味還是噴了香水，就連美國人的洗衣機洗好的衣服也都香香的，對當時還是孩子的我來說真的很神奇。

我們一家在美新處前留影。

13 十三年的包飯生意劃下句點

由於父親長年在批發市場忙碌，莉莉早期的經營大多由母親負責，大姊及二哥則是母親最得力的助手，尤其二哥自國民學校畢業後沒有繼續升學，一直在店裡幫忙。不過隨著我們其他幾個兄弟陸續長大成人、完成學業或當完兵，也開始接手家裡的生意，大哥和二哥主要負責店裡水果，父親和四哥負責水果批發業務，貼食的生意還是由母親掌管。至於我，在學生時代則通常負責拖地或磨刀等雜務，到現在我都還記得那磨石子地板既有貼食的湯湯水水，又加上腳下砂土踩來踩去的黏膩感，但只要被交待的工作好好完成，大哥一個禮拜會給我十塊零用錢去看電影或買零食。

一九五七年改建樓房後，一樓的店面同樣是一邊作為水果展示和販售區，後方做廚房，另一邊則是包飯客人內用的座位。那時候我們還沒有牽電話，招牌上是借用天生接骨所的電話，如果有人打電話去找莉莉，接骨所就會叫我們過去接。一九七〇年左右，府前路拓寬，路寬從十二公尺變成十八公尺，規劃了慢車道，樓房前半部打通變成亭仔腳，店面也跟著退縮。

大哥當兵回來並成家後，店務便由他和大嫂全權負責，除了販賣新鮮水果、水果切盤、果汁，也賣起了刨冰。不像萬隆仔是用手工刀削冰塊製作涼水點心，大哥那時已經購入了新式的刨冰機，加上自家煮的花生、豆子、鳳梨等配料，簡簡單單就是一碗料多味美的清涼刨冰。當時店門口還有一個冷凍櫃販賣杯裝的福樂冰淇淋，後方櫥櫃有鳳梨罐頭、水蜜桃罐頭等，也會賣榮冠的橘子汽水或是七星汽水跟彈珠汽水，還有可口可樂跟百事可樂這類外國牌子，以及一種像橘子水的黃色飲料，我們都叫它「阿婆仔水」。那時候店裡甚至會賣菸，附近戲院還會拿海報來希望我們可以貼在

1970 年代的莉莉水果店，大哥會用毛筆在紙上寫滿介紹水果的文字，
左上角掛的則是當時風行的飲料「榮冠果樂」鐵牌。

「榮冠果樂」鐵牌全貌。
（國立台灣歷史博物館典藏）

店裡打廣告，通常會用一兩張電影票交換。

只是後來來貼食的人太多，每到尖峰時段，店裡店外甚至擠滿上百人，大排長龍，讓人應接不暇。在眾多因素考量之下，大哥決定結束貼食，專心經營水果事業，長達十三年全年無休、風雨無阻的包飯生意，就此劃下了句點。儘管如此，直到一九九〇年代初為止，在大哥和大嫂的努力付出之下，莉莉秉持著貨真價實的原則賣水果和冰品，仍為後來接手的我奠定了良好的經營基礎。

當時店頭除了琳瑯滿目的水果，還販賣進口的可口可樂跟百事可樂，門口更有一台冰箱販售福樂冰淇淋（下圖右下角）。

1960年代的大哥和大嫂，當時店內有寬敞的內用空間，是周邊學生放學後吃點心的好去處。

14 神的恩典帶領全家

當年台南神召會尚未成立的時候，在美軍合作社服務的大姊基密初次被朋友找去參加英文查經班，恰巧有機會參與前台光聖經學院（現在的神召神學院）院長貝光臨牧師的布道會，地點就在民權路愛育堂婦產科隔壁的小型聚會場所。當天的證道中，大姊深深受到聖靈感動，眼淚流個不停，當下決志信主，成為家中第一位信主的人。

不久後，貝牧師夫婦深知神要在台南設立一座福音的燈塔，宣揚五旬節全備福音，初期便以東門平交道邊的南光醫院三樓為教會，由於福音廣泛傳播，參與的人越來越多，於是又選定位於市中心的民族路現址建立會堂，經過四處募款與多次土地協商，終於在一九六五年順利購地興建。

有一次，貝師母從《聖經》裡挑選了幾個名字，要給教會的弟兄姊妹一個屬靈的名字，其中有一位賣紫色布匹的婦人叫作呂底亞，大姊一眼就喜歡上這個名字。後來她又了解到呂底亞是一位敬畏上帝的外邦人，也就是猶太教的慕道友，在使徒保羅前往歐洲宣教的第一站，誠心聽道的呂底亞是最早接受福音的，還熱忱邀請保羅一行人到家裡，成為他後來創立歐洲第一間教會腓立比教會的起源。

左圖／貝光臨牧師夫婦和三個女兒（此外還有一位小兒子）。

右圖／退休返回美國前的貝牧師與第三任周牧師夫婦留影。

大姊（第二排右四）在1960年代參與貝牧師初期在南光醫院三樓舉行的聚會，是本堂初熟的果子之一。

大姊深深受到呂底亞的事蹟感動，感覺自己和她性格相像，小名莉莉（Lily）也和呂底亞（Lydia）有幾分相似，因而深刻感到共鳴。她自美軍合作社離職後沒多久便遠嫁美國，貝牧師退休後也同樣搬回了美國。據說有一次，貝牧師夫妻倆前去探訪大姊，大姊遠遠地在窗口看到牧師的人影便淚流不止，就像當年第一次參加證道而流下眼淚一樣，內心有所感應與感動，更充滿了感恩。

大姊基密決志信主，開啟了我們全家的信仰之路。其中四哥光昭最先受到大姊的影響，也參與教會的服事，是教會設立初期活躍又熱心的青年，尤其星期天店裡最忙的時候他偏偏往教會跑，因此常被大哥責罵：「厝內的水果生理毋好好仔做，一日到暗走去教會，你規氣（乾脆）去予教會飼好矣！」當時誰也沒想到，他竟然真的在四十九歲那年受到呼召而就讀神學院，後來更在屏東神召會牧會，兩個兒子、一個女兒也都畢業於神學院，全家都作神的僕人。

四哥在1995年自神召神學院
畢業，全心全意做神的僕人。

四哥李光昭夫婦。

之後，我的母親也跟隨兒女的腳步信主。母親早年在南門市場擺攤，戰後又賣蔬果、經營麵攤、包飯，每天天還沒亮就開始工作，到晚上八、九點才能休息，不僅體力透支，心靈也極為空虛。尤其早年曾喪子（有一位兄弟早夭），三哥又在就讀高雄工專時因故去世，母親的身心受到很大的打擊。但在大姊的引領下，她開始上教會、認識主耶穌，生活徹底改變，變得時常為主作見證、傳福音。雖然她沒有正式受過教育，但為了讀《聖經》，她仍一面工作，一面請包飯的客人教她羅馬字，每日勤於讀經、吟詩、禱告。

母親生前每天清晨與夜晚都為我們三兄弟的店以及我們的國家禱告，這已經成為她生活的一部分，她也非常敬重神的僕人，是牧者心中很好的同工。神特別恩賜母親有禱告的能力，教會的弟兄姊妹常常請母親為他們代禱，也真的獲得了有效的醫治。有一次，性格固執、對信仰並不熱衷的父親額頭上不知為何長了一顆肉瘤，他對母親說，如果禱告能醫治他的肉瘤，他就願意信耶穌。於是母親便迫切地為他禱告，四、五天後竟得醫治，那顆肉瘤消失無蹤，從此以後，父親對主耶穌便也真心順服。

而我自己其實生性內向又討厭讀書寫字，有機會認識主基督，是因為經常陪母親上教會，神的真道也就此漸漸在我的內心扎根。我開始謙卑學習、熱誠服事，後來曾被推選為最年輕的執事，前後連任二十年才引退。

二哥悉安所創立的「迦南水果店」，店名即是引用《聖經》中神應許賜福的美地。每日打烊後，二哥全家便持守著讀經、吟詩與禱告，神的賜福與恩典充滿店內，真正是流奶與蜜的迦南美地。至於小弟重賢和大哥悉木，前者起先是為了結婚而受洗，後者則是第一對在台南神召會舉行婚禮的新人，儘管起初對神的認識都不深入，但歷經幾番生命中的考驗後，也確實體會到了神的信實與慈愛。

手足相敬相愛，事業持續受到祝福，莉莉水果店能有今天的成果，是靠著父母與兄姊的努力奮鬥奠基，更是神的恩典與賜福。

母親早年賣蔬果、經營麵攤、包飯，沒有吃過一天閒飯，就算後來店務由大哥接手，她也總是在店裡店外幫忙。

淋 淇 冰 樂

父親與母親在原愛國婦人會館前留影。

蒙神的恩典，我們一家手足總是相親相愛，互相扶持。由左至右依序是大姊、二哥、四哥、我和小弟。

15

購入澄山農地，母親定居山上

一九七一年，聽說左鎮澄山有一塊四甲的土地要出售，母親和四哥去看了那塊地後，請四哥把它買下來，她說因為山上有水源，是一塊可以經營的活地。那時候莉莉已經結束貼食生意近十年，掌店的大哥專注於販賣水果、果汁與刨冰等，經營得有聲有色，但母親卻因為終年勞累導致身體不適。有一天，她說自己一天到晚站在刨冰機旁，身體已經不堪負荷，請四哥帶她到山上休養，最後更決定放下便利的都市生活，上山幫四哥開墾農場。

母親就這樣帶著一個碗、一雙筷子、一包米、一些鹽巴跟一個鍋子，

母親在1970年代選擇上山開墾，種植作物、飼養家禽家畜，將不毛的荒地開闢成豐饒的活土。

隻身前往沒水沒電、最近的一戶人家要步行二十分鐘的荒山種植水果和竹筍，也養一些家畜、家禽，並由四哥命名為「寶山農場」。起初她白天餵雞、養豬、生豬仔賣，入夜就回到尚未完工的農舍，獨自睡在還沒安裝的門板上。她在寶山農場日出而作、日落而息，就這樣過了十八年，這段期間支持她的，是對孩子完全

母親在山上養豬，還會自行為豬施打疫苗與結紮，所有事情都親力親為。

無私的愛以及對主耶穌的堅貞信仰。

母親當時在澄山教會，會堂講台擺設的是人造花，但她偏好有生命的鮮花，因此每個禮拜六都會下山到新化市區買一百元的鮮花奉獻給教會。來回的路程要花上將近兩個小時，她卻依然踏著堅定的步伐，週復一週，十數年未曾間斷。由於她無論遇到任何好事或壞事，都會說：「感謝主！」連賣花的老闆娘都叫她「感謝主的歐巴桑」，也會因為母親的真心奉獻，多包一些花讓她帶上山。這位老闆娘後來因為一場車禍導致眼睛雙盲，住院期間常常問丈夫：「敢有看著彼个感謝主的歐巴桑？」當時母親正在美國探視女兒，並不知道老闆娘遭遇車禍，返台得知此事後心疼不已，認為對方急需主耶穌的安慰與幫助，於是無論白天或晚上，只要他們方便，她必定從山上專程到新化探訪、做見證，並帶他們去新化長老教會。後來這對夫婦成為了基督徒，丈夫梁武義還曾經擔任教會的長老。

母親在一九六三年受洗成為基督徒後，每天起床及睡前一定吟詩、讀

《聖經》、祈禱，她雖然沒有真正上過學，但仍憑著堅定的信心與毅力自學羅馬字與漢字，先從羅馬字開始學習，再拼成中文，又用日文寫日記來幫助記憶。一九七八年，台灣基督長老教會台南中會婦女部舉辦「聖經測驗」，母親代表澄山教會參加，獲得了成績優良獎，對她來說是莫大的鼓勵。此外她也每天為國家、特定的事件及我們全家大小代禱，而無論在澄山教會或是台南神召會，母親都是牧師探訪與禱告最佳的同工。

母親在澄山生活長達近二十年，

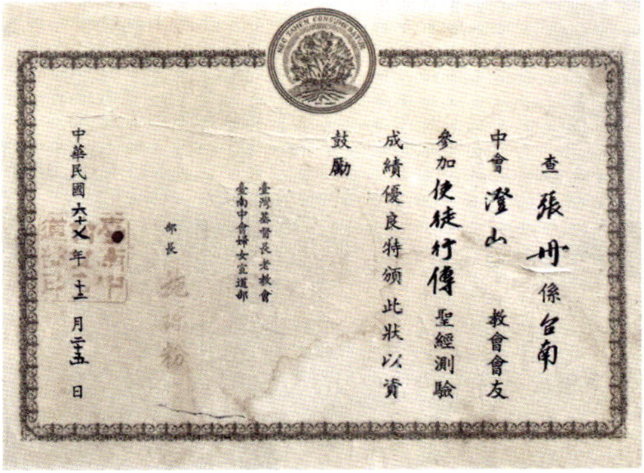
查張册係台南
中會澄山教會會友
參加使徒行傳聖經測驗
成績優良特頒此狀以資
鼓勵
臺灣基督長老教會
台南中會婦女宣道部
部長
中華民國六十七年十二月二十五日

不曾正式上過學的母親代表澄山教會參加長老教會舉辦的「聖經測驗」表現出色，獲得一紙獎狀表揚，對她來說別具意義。

原本四甲的土地因為她的努力經營而拓展到十六甲，四哥也奉獻一部分土地成立了「迦密山祈禱院」，作為山上禱告和敬拜的場所，並由母親負責烹煮食物給會友，就像年輕時的她，用心烹調讓人感到溫暖的餐點。然而一九八二年，受到甲仙鄉的錫安山事件[1]波及，迦密山祈禱院遭強制拆除，走入了歷史，那時母親還在農場跪了下來，向上帝禱告，求祂為我們申冤。

之後牧師仍時常找母親外出探訪會友，她也還是一樣每週六都會走路到大坑里、再搭車到新化鎮上買花，插花奉獻，不曾間斷，一直到數年後答應我的請求下山回到莉莉為止。

1 1960年代，原為長老教會牧師、後服務於台南聚會所的洪以利亞（原名洪三期）率領一批信徒至雙連堀開墾，後結識新約教會創立者江端儀，歸信新約教會，陸續收納許多教徒並取得戶籍，共同生活、開發當地。但這樣的集體生活在戒嚴時期受到當局諸多質疑，遭到一連串的打壓與迫害，歷經十數年的抗議、訴訟與流血衝突，直到1980年代中期政府宣布開放雙連堀山地管制，教徒才逐漸結束抗爭、回歸原本的生活。

位於左鎮澄山的四甲農地，四哥將其命名為「寶山農場」。這兩張照片是同一天拍攝的，下圖站在最左邊的是我的父親，坐著的是我的岳父母，我和太太站在後方，穿著紅色毛衣的是妻舅的女兒，其他三個則是我的小孩。

上圖／會友於寶山農場合影。最左邊站立者是王天仁牧師，他身旁依序是師母、我的父親、母親、五姨及其他會友們。

下圖／與家人在農場。由左至右分別是我、母親、二嫂、二哥悉安、四哥光昭及孩子們。

母親在迦密山祈禱院領讀《聖經》，見證神愛世人。

16

美新處爆炸案

一九七〇年十月十二日傍晚，正在莉莉樓上吃晚飯的大哥和四哥突然聽到「碰！」的一聲巨響，大哥一時愣住，以為是一樓的冰櫃馬達過熱爆炸，隨即又回過神來，朝著樓下緊張地大喊大嫂的名字：「阿敏！阿敏！」隨後兩人衝到樓下一看，才發現原來是隔壁美新處發生爆炸，現場一片混亂與驚慌。過沒多久，一名傷勢嚴重的青年被扛了出來，好像腳斷掉的樣子，四哥光昭趕緊幫忙把他扶上救護車送去急救。

隔天，他們就看到《台灣新生報》的報導，根據警備總部發布的消息指出，前一天下午六點四十分台南美新處發生了離奇的爆炸案：有幾位放了學的中學生來到這裡，照規定將書包放在閱覽室外頭，也就是距離美新處大門大約五公尺的地方，但突然間書包爆炸，導致兩名南二中的學生、一名美新處工友和一名空軍少尉，共四個人受到輕重傷。經過初步調查，爆炸物是一個大型土製炸彈，可能是不良少年幫派所製造，事件發生後，我的兩個哥哥連續好幾天被調查人員訊問，我則因為正在陸戰士校服役，所以並未受到牽連。沒想到幾個月後的一九七一

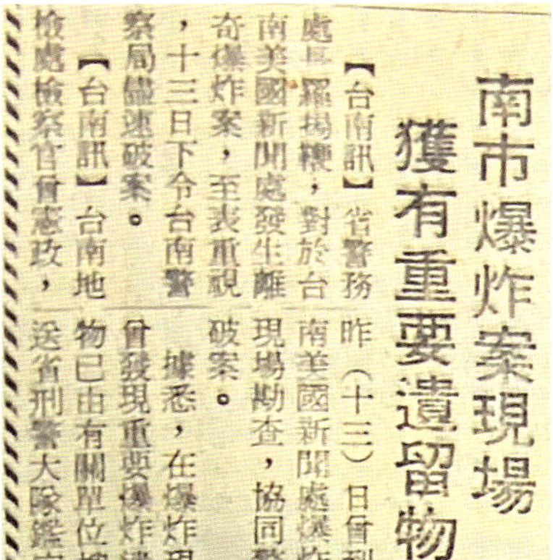

南市爆炸案現場
獲有重要遺留物

【台南訊】省警務處長羅揚鞭，對於台南美國新聞處發生離奇爆炸案，至表重視，十三日下令台南警察局儘速破案。

【台南訊】台南地檢處檢察官曾憲政，昨（十三）日曾到台南美國新聞處爆炸案現場勘查，協同警方破案。

據悉，在爆炸現場曾發現重要爆炸遺留物已由有關單位搜集送省刑警大隊鑑定。

1970年10月14日的《聯合報》中關於美新處爆炸案的案情報導。

年二月，台北館前路的美國商業銀行也發生了爆炸案，後來我才知道這兩起事件並不單純，原來和當年中華民國即將被迫退出聯合國有關。

當時台灣和美國的外交關係搖搖欲墜，中華民國在聯合國代表「中國」的席位面臨被中華人民共和國取代的危機，在國際上局勢不利、處境困難，眼看就要淪為外交孤兒，社會上同樣民心動搖，瀰漫著一股不安的氣氛。在這樣的情況下，主管美國外交與文化的美新處竟然發生爆炸案，不只引起政府高度重視，也成為全國民眾關注的焦點。警總後來將偵查對象指向海外的台獨人士，總共逮捕了二十三人，並判處重刑，其中還有三名來自馬來西亞的僑生。[1]之後我曾聽自美新處退休的吳小姐提到，當年那位身受重傷而截肢的崔同學，美新處

1 當時以李敖、謝聰敏、魏廷朝為首，警備總部共逮捕23人，儘管眾人皆矢口否認，仍於1971年2月以叛亂罪被起訴，後歷經上訴、重審等過程，於1975年定讞，均被判刑5、6年餘。也有一說認為爆炸事件是國民黨政府自導自演，真相至今尚未釐清。

也補助他學費直到大學畢業。

我後來因為撰寫《莉莉水果有約》摺頁月刊而喚起了對這起爆炸案的記憶，進一步感到好奇，是因為其中有一位被判刑的青年郭榮文是台南仁德鄉（現在的仁德區）人，事發當時是大甲國小的老師。我去訪問他時，他曾拿出警備總部的判決書給我看，當中指控他製作炸彈，卻是捏造事實逼迫他認罪，如果不認罪，不是受到灌水的酷刑，就是被威脅要對家人不利。郭榮文的妻子和他一樣是小學老師，當時才剛懷孕，為了妻兒，他也只能乖乖蓋章，被捕的幾人就這樣一個蘿蔔一個坑，逐一認罪。最後他被判了五年八個月的刑期，到了一九七六年底才獲釋，並且直到陳水扁總統的時代才恢復名譽，並獲得三百萬元賠償，只不過正義來得太晚，自由的代價並不是金錢可以衡量的。當年我去拜訪時，郭榮文夫婦已退休，郭太太剛好在原愛國婦人會館當志工，聽說我有意將這段故事寫進月刊中，便希望我不要重提，內心似乎還依稀存在著當年的陰影，我也因此將這段往事埋藏至今。

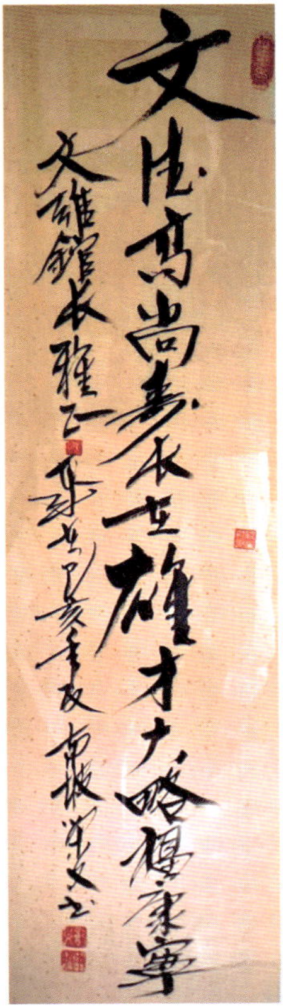

郭榮文先生親筆揮毫送給我的書法作品。

一九七九年台美斷交後，美方撤離台南美新處，並將圖書館的書籍部分捐贈給台南市政府，部分則連同桌椅贈予成功大學圖書館。市政府起先將閒置的館舍設為台南市圖書館南區分館，後來又改為中區分館。美新處最後一任處長李柏思[2]則輾轉去了上海和香港，又一度回到台灣擔任台北美國文化中心主管。

2 李柏思（Lloyd W. Neighbors）於 1978 年就任台南美新處處長，直到隔年台美斷交，後一度任職台北美國文化中心主管，並於 1997 年至 1999 年間擔任美國在台協會文化新聞組組長。

美方撤離後，台南美新處館舍一度變更為台南市立圖書館中區分館。

17

步下台南青果的歷史舞台

一九四六年，南台物產公司在數十位資深青果人的奔走下風光成立，為了當時的菜價穩定、供貨正常付出了極大的心血，然而就在一切看似上軌道之際，一九五〇年，台南果菜批發市場的生態竟就發生了翻天覆地的變化。

那一年，政府頒布《台灣省市場管理規則》，南台物產公司的營業執照竟不被承認，原本經核准的營業項目為「生鮮果菜之仲介，受託拍賣批發事業及其他附帶事業」，市政府卻為了將果菜批發業務從原有經營權的南台公司手中沒收，轉由台南市農會辦理，而屢屢打壓南台公司，多次派員警進行取締，並以官方說法指控公司為非法經營，甚至認為其不可再從事青果批發事業。南台公司董事長柯南獻律師曾經多次提出訴願、再訴願以及行政訴訟，在他的努力之下，公司才終於保住營業執照，得以繼續經營青果業，但只得遷移至友愛街經營，建立南台青果批發市場，與位於國華街的果菜批發市場各據一方，成為當時台南市果菜業的兩大批發市場——然而，這條與台南市農會的漫長訴訟之路才正要展開。

一九五五年，在政府單位主導之下，南台物產公司與台南市農會展開協調，協調結論為：南台公司必須讓出蔬菜批發拍賣業務，並於一九五七年將營業項目改為「青果仲介受託拍賣事業，青果採辦批發事業……」，意即只能負責水果業務，不得再辦理蔬菜相關業務。

一九五八年八月，柯南獻董事長逝世，南台物產公司與政府單位及台南市農會的糾葛卻並未就此劃下句點。一九六五年，朱德旺擔任第三屆董事長，他同時也是台南市議員，任內正是南台物產公司的鼎盛期，也因此

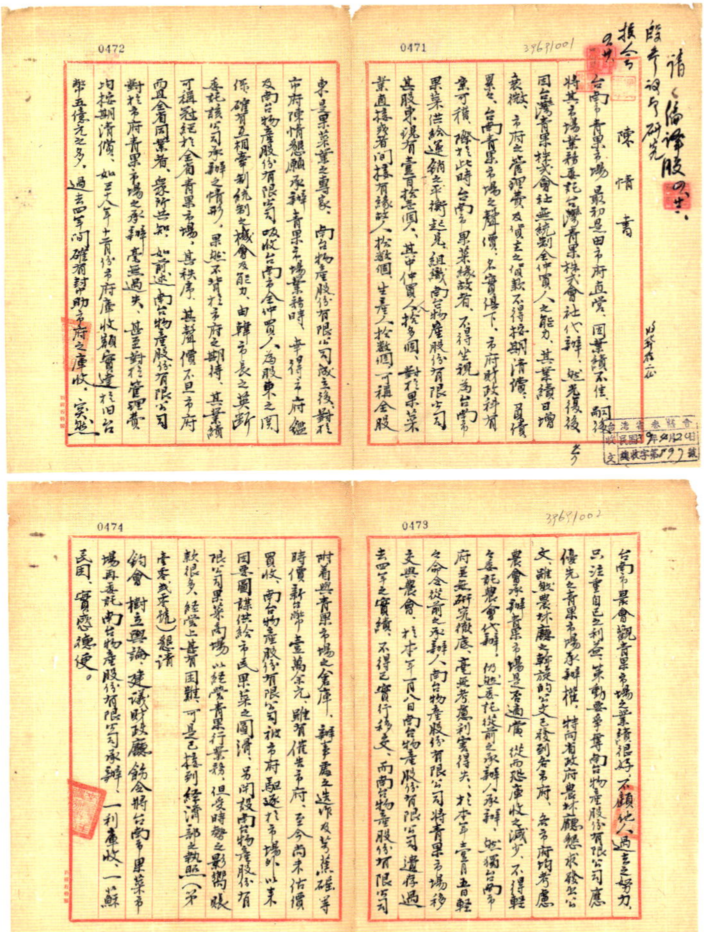
陳情書

台南市青果市場最初是由市府直營，因業績不佳，嗣後將其市場業務委託台灣青果株式會社代辦，然光復後因台灣青果株式會社無統制全仲買人之能力，其業績日增衰微，市府之管理費及債主之債款不得按期清償，負債累累，台南青果市場之聲價，名實俱下，市府財政將有虧可補，際於此時台南市果菜緣故者，不得坐視，為台南市果菜供給運銷之平衡起見，組織南台物產股份有限公司，其股東現有壹百捌拾餘個人，其中仲買人捌拾多個，對於果菜業直接或者間接有緣故人捌拾數個，生產人捌拾數個，可稱全股東是果菜業之專家，南台物產股份有限公司成立後，對於市府陳情懇願承辦青果市場業務時，幸得市府鑑及南台物產股份有限公司吸收台南市全仲買人為股東之関係，確有互相牽制統制之機會及能力，由韓市長之英斷委託該公司承辦之情形，果然不背於市府之期待，其業績可稱冠絕於全省青果市場，其秩序，其聲價不旦市府而且全省同業者，眾所共知，如前述南台物產股份有限公司對於市府青果市場之承辦，毫無過失，甚至對於管理費均按期清償，如三十八年十一月份市府庫收額實達於舊台幣五億元之多。過去四年間確有幫助市府之庫收，突然台南市農會觀青果市場之業績很好，不顧他人過去之努力，只注重自己之利益，策動要爭奪南台物產股份有限公司應優先之青果市場承辦權，特向省政府農林廳懇求發出公文，雖然農林廳之斡旋的公文已發到台南市府，台南市府均考慮農會承辦青果市場是否適當，從而恐庫收之減少，不得輕々委託農會代辦，仍然委托從前之承辦人承辦，然獨台南市府並無研究徹底，毫無考慮利害得失，於本年壹月五日輕々命令從前之承辦人南台物產股份有限公司將青果市場移交與農會，於本年一月八日南台物產股份有限公司遺存過去四年之實績，不得已實行移交，而南台物產股份有限公司附着與青果市場之倉庫、辦事處之造作及芎蕉確等時價新台幣壹萬余元，雖有催告市府，至今尚未估價買收，南台物產股份有限公司被市府驅逐於市場外以來，同業圖謀供給市民果菜之圓滑，另開設南台物產股份有限公司果菜商場以經營青果行業務，但受時勢之影響，賬款很多，經營上甚有困難，可是已接到經濟部之執照（第壹零貳零號）懇請

鈞會 樹立輿論，建議財政廳飭令將台南市果菜市場再委託南台物產股份有限公司承辦，一利庫收，一蘇民困，實感德便。

柯南獻律師於1950年4月提交省參議會的陳情書，標舉南台物產公司過往的實績與當前的困境，陳請省政府財政廳同意將台南市果菜市場再委託南台公司承辦。（中央研究院台灣史研究所檔案館提供）

引起台南農會的不滿。農會所經營的批發市場因為營利不如南台公司，遂以各種理由檢舉，例如友愛街果菜市場間或造成周邊交通壅塞，因此常派員警進行取締，企圖影響市場交易；或行文政府單位，宣稱南台公司的青果第一次批發交易未在當地果菜市場內進行，因而要求依法取締，更有甚者，針對朱德旺董事長進行不實指控，致使朱董事長提出辭呈，種種手法迫使南台物產公司做出諸多妥協與讓步，但雙方長達十數年的糾紛仍未能落幕。

一九七四年七月，政府又頒布《台灣省農產品批發市場管理辦法》等，有關農產品的產銷政策不斷修改，相關機關卻漠視南台物產公司應有的權益；一九七七年，在政府單位多方協調之下，南台公司不得不同意將所有貨件先運至農會所屬的台南市果菜市場進行第一次交易，之後再交由南台公司進行第二次交易，並繳交管理費及保證金給農會，至此，雙方的爭議才總算暫時告一段落。儘管面對長達二十多年的外患，南台物產公司仍然

1959 年 3 月 3 日，南台物產公司的董事、監察人與職員於友愛街的事務所前合影留念，前排右四是我的父親李澤，右五則是朱德旺常務董事。

秉持長年來的經營理念，誠懇務實，贏得多數貨主和承銷商的支持。

一九八〇年代，台灣經濟起飛，社會形態急速轉型，南台物產公司先是讓出蔬菜經營權予農會，後來青果拍賣批發業務又被迫僅能以零售方式承辦，傳統事業受到前所未有的沉重壓力，加上一直處於陳情、訴願的糾葛中長達四十年之久，最終不得不面臨虧損。一九九〇年初，我的父親李澤逝世，同年六月，在第四十四屆股東會議上，全體股東贊成通過解散南台公司，並於十二月一日正式解散。

也是在這一年的四月三日——繼一九七九年，市長蘇南成將南門市場用地廢除，更改為住宅，並終止市場內外用戶每月九百元的租金，部分改繳房屋稅後——台南市政府公開標售南門市場這塊市有地。當時市場有三十七戶共三十一人租用，原本協調好參與投標，沒想到卻被一位王姓有心人競標得逞，取得了這塊地，因此引發了住戶優先權的爭議。這些住戶向市府抗議標售不公，後來經市府馬上辦中心主任黃灶及市長施治明出面安撫，並與得標人商議協調，承諾給予合理補償，住戶的怒氣才終於平息。而這個我父母起家的市場，我們手足出生成長、一家人曾經賴以為生的地方，也最終易主。

回顧父親的一生，早年奔波於台灣青果株式會社台南支店的批發與南門市場的零售業務之間，戰後仍日以繼夜地投入青果批發市場緊湊繁忙的工作中，長年以公司為家。他見證了台南青果批發業從戰前到

南門市場在戰後長期遭人佔用，後來在1990年標售，原地於2003年興建全台首學大廈。

現今超過一甲子的歷史，並參與戰後初期青果產業的轉型與青果批發市場的運作，更歷經多次產業政策轉變的衝擊。他的逝去與南台物產公司的解散，似乎也象徵著戰後台南第一代青果人的唏噓謝幕。

後續接棒的青果人，就是現今的台南市青果商業同業公會，也在一九九〇年移往怡安路的綜合農產品批發市場，持續經營批發零售買賣。怡安路批發市場隸屬台南市農會，原為監獄預定地，後因監獄移往山上鄉（現在的山上區）興建，於是由農會購得並興建現代化的「台南市綜合農產品批發市場」，總面積有二十公頃，主要經營青果、蔬菜、花卉及家禽的批發及零批交易。台南市青果商業同業公會就這樣在怡安路持續經營，帶著南台物產公司的理念與精神，於新天地展開新的一頁。

1980 年，南台物產公司創立 34 週年董監職員同仁合照紀念。前排座位左四是我的父親李澤，左五為朱德旺董事長。背景左側為公司事務所，右側是我休息的小房間，旁邊就是甘蔗部，後側則是員工休息處。

18

從批發市場轉身接手莉莉

一九六九年，台南市政府在市府大禮堂舉行兵役抽籤，在兩百名役男中，我第一個被叫上台，沒想到一抽就抽到了海軍陸戰隊，當時外面的榕樹下剛好有人放起鞭炮，我至今記憶猶新。在陸戰隊待了三年退伍後，我就跟隨父親到南台青果批發市場做事，我所負責的託運工作是一項非常複雜的作業，要怎麼樣做到公開、公平、公正，讓每個人心服口服，並不是那麼容易——這份工作可以說就是專門要跟別人吵架的。身負重任的我沒有黑白背景，只能誠懇務實地去做，憑良心、講道理，盡量不要讓人感覺有私心，否則容易引起忌妒眼紅。

除了心力的消耗，批發市場的工作對體力也是一大考驗。當時我半夜

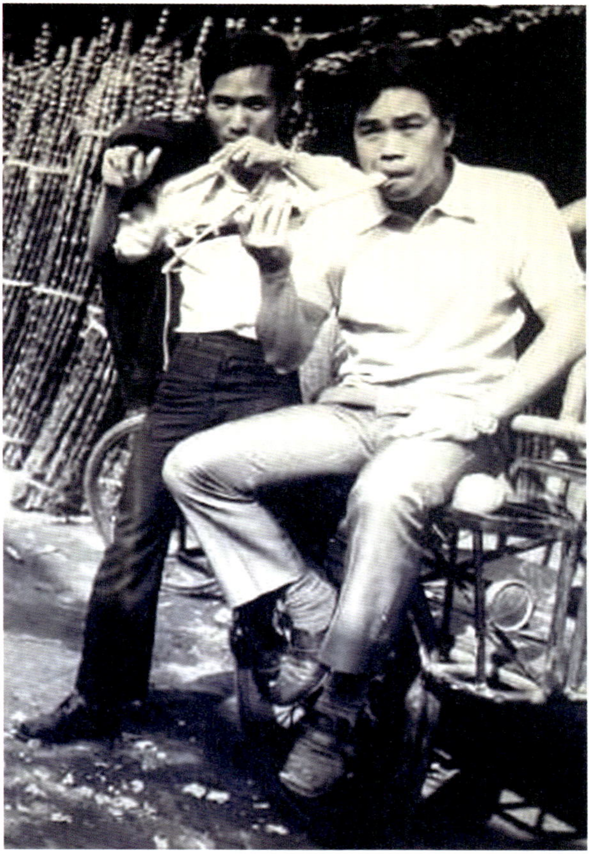

1970年代於批發市場留影。我在陸戰隊當兵三年，退伍後也子承父業進入南台物產公司、投身批發市場，並在1990年任職董事時解散公司。因此我常自嘲父親是南台的創立董事，我則是解散董事。

基本上是沒有辦法好好睡覺的，通常兩點多就得去市場等卡車從產地載貨來，比如嘉義跟屏東比較早，可能十二點多卡車就來了，而東勢的車會比較晚，來到批發市場大概要到四、五點。在市場裡也有一個可以躺下來休息的小房間，只是晚上斷斷續續睡不到幾個鐘頭，都在等大貨車隨時分批到來。

南台青果批發市場在現在的友愛街鄰近康樂街一帶，當時的馬路並不寬，卻有那麼多大貨車來來去去，還有一大堆卡車、三輪車，所以交通其實很混亂，大貨車也常常卡住進不去，這種時候就不妙了。如果貨件在台南延宕了一個鐘頭，接下來還要去高雄跟屏東，那麼到了屏東都已經快過午了。偏偏青果這種商品一旦放久就沒那麼新鮮，如果趕不上市場，青果行在簽單加註「袂赴市」的話，報價就只能低一點。通常凌晨四、五點到貨，人多又好賣，喊價也就會比較高，如果大家都喊完了你才來，那貨再好也沒有人買，所以市場「會赴市」跟「袂赴市」是差很多的。一般傳統菜市場可能七、八點開始有人潮湧現，但在我們批發市場，凌晨四、五點是最熱鬧的，等到天亮，我一天的工作差不多告一段落，到了中午散市也就得閒了。

雖然日夜顛倒，卻也不覺得吃不消，一九九〇年父親過世後，我接任他在南台的董事位子，只是沒想到不到一年公司便解散，而且屋漏偏逢連夜雨，公司解散隔年，原本經營莉莉的大哥竟也病倒了。

大哥意外病倒後，不得不離開崗位休養，留下大嫂一個人顧店，從早到晚，實在辛苦。當時二哥的迦南水果店與小弟的小豆豆餐飲屋都已經營有成，四哥和我則在批發市場工作，因為中午過後散市就沒事了，所以起初我和太太不時會去代班，跟大嫂換個手，讓她喘口氣，只是這樣下去也不是長久之計。關於要不要接手莉莉，那時候我其實也非常掙扎，畢竟做批發的話，工作都集中在半夜，中午過後的時間都是自己的，我也早已經習慣這種三更半夜的工作模式，要是接手莉莉，那等於一整天都會被綁在店裡。

此外我做任何事情至少都會以三年為期去規劃，我們生意人有句話說

「無想贏，愛想輸」，想著贏之前要先想好輸的話怎麼面對，也就是做好最壞的打算，評估失敗風險是不是可以承受，如果覺得最糟的結果自己無法承受，那就先不要去做這件事。儘管經過百般評估與糾結，但最後我還是出於一股使命感，從大哥手中接下了莉莉的店務。

當時莉莉已經雇了幾位員工負責削水果、煮糖水、煮豆子、打果汁、切盤，我的工作則是理貨、送貨也兼顧店收銀。站櫃台看似輕鬆，但生意好的時候客人大排長龍，連要插嘴講一句話或上個洗手間的時間都沒有，而且工時很長，從早到晚只有輪到吃飯的時候可以喘一口氣。至於送貨，記憶中還發生過一件有趣的事：當時許文龍先生在友愛街的家裡宴客，叫了莉莉的水果，我送貨去，發現高俊明牧師夫婦也是座上賓，此外好像還有李登輝前總統，但客人還沒到齊，許先生於是對我說：「李老闆，我來彈一首烏克麗麗曲子給你聽吧！」那親切的態度，一點架子也沒有，讓我至今印象深刻。

大哥和大嫂從1960年代即接掌莉莉店務，到我後來接手之前，做了有30年。

19 母愛是一棵生命力旺盛的大樹

母親天生麗質，也很愛漂亮，而且皮膚白皙，臉上幾乎沒有因為歲月而留下什麼斑點。從小到大，總是見她把頭髮梳得整整齊齊、穿著連身的洋裝在店裡店外忙碌，遠在美國的大姊不僅時常打電話回來向母親噓寒問暖，也總會寄些衣服、口紅、粉餅、香水、香皂給她，她卻老是一轉身就送給身邊的人。

母親的記性特別好，還在做包飯生意時，她就記得每一位客人哪一個有繳錢、哪一個還沒繳，清清楚楚記在心裡。有一次，四哥看到母親的記帳簿，心底納悶怎麼他都看不懂，一問之下，母親笑著說：「我看有就好。」這些客人當中，還有曾經出國深造又回來探望我母親的，對方也問

我們家的女眷在1980年代合影。右起分別是母親、二姨、五姨、我太太和四嫂。

她：「歐巴桑，你敢擱會認得我？」明明已經過了好幾年，母親竟然也可以認出來。還有一位客人後來到新化當電信局局長，有天母親和四哥到新化電信局去申請農場的電話時，被這位局長認出來，他高興地走出來喊道：「歐巴桑，妳敢擱會記得我？」母親同樣一眼就認出對方。

後來我還曾去造訪一位自中廣台南台（前身為日本時代的台南放送局）退休的總務科科長林英二先生，他對我的母親也有著一份深厚的感念之情。這是因為在一九五、六〇年代，年輕的林先生大約有兩、三年的時間都在莉莉貼食，他非常欽佩我母親全年無休供應近百人一天三餐伙食那種刻苦耐勞的精神，還說每天去用餐，就像回到自己家吃母親煮的飯菜那樣親切，讓我聽了也感動不已。

接手莉莉當時，我自忖沒有母親的堅強勇氣與大哥的刻苦耐勞，擔心能力不足以扛起家業，於是跑到澄山央求母親，請她下山幫我看頭看尾。母親考慮沒多久，答應回到莉莉協助我們夫妻倆，她的愛就像一棵生命力旺盛的大樹，穩固地給孩子力量。從此之後，每天天還沒亮，母親就從二樓的房間下來，先對著店裡冰櫃內的水果祈禱：「求主賜福櫥仔內的果子全部賣掉。」接著才吃早餐。吃過早餐後，她就坐在店前騎樓的角落，開始剪紙板、削鳳梨、磨薑、包甘草糖，幫忙開店前的各項準備工作。母親剪的紙板整整齊齊，就好像機器裁剪的一樣，還分成很多不同的尺寸，供應莉莉、迦南及小豆豆三家店的需要。

母親平日待人接物，都帶著微笑與和藹可親的臉孔；許多顧客喜歡和她老人家聊天，不論談得再久，她總是忠實、耐心

母親的愛是一棵生命力旺盛的大樹，持續賜給我力量。

地傾聽，這也是她可愛的地方。儘管南門市場後來被夷為平地，卻也時常有日本人三五成群來這裡追尋他們早年的記憶，甚至來買當年自己最愛吃的水果。有一回，幾位婦人來到莉莉，興奮地指著店前的水果，用含糊的台語發音吐出「龍眼」、「檨仔」等詞彙，我一聽見，便隨即到二樓請母親下來。母親用她流利的日文和對方交談，聊到難以忘懷的往事，雙方甚至感動落淚。

全家人在小弟的小豆豆餐飲屋為母親慶生。

母親經常坐在店前與小兒子讀經。

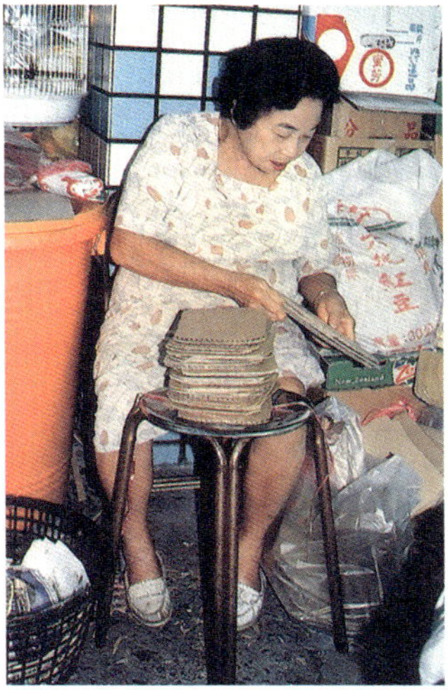

90年代母親離開山上農場，回到莉莉為我看頭看尾，因此經常可以見到她在店前切鳳梨、磨薑泥、裁紙板的身影。

NEU-239

20

自成一格的經營哲學

因為莉莉的地點好，從以前就有很多人愛來貼廣告，在我大哥掌店的那個年代，對店面比較不講究，有什麼都往牆上貼，尤其戲院常拿海報來貼，然後給我們一兩張電影票做公關。到我經營之後，就打定主意不給人家做廣告，要寄放傳單可以，但要貼海報不行，頂多就是貼莉莉自己的宣傳廣告或老照片。我剛接手時，還特製一面小匾額掛在店裡的牆中央，寫著：「父母不親誰是親，不敬父母敬何人，父母恩情不知報，枉為人生在世間。」後來又換上《聖經》裡的話：「要孝敬父母，使你得福，在世長壽，這是第一條帶應許的誡命。」藉以日日提醒父母對我們的恩情及神的應許。

從創店到現今，莉莉的經營理念大約經歷了三個不同的階段：「貨真價實」、「甜美水果，心存感恩」以及「果實真味」，每個階段都承載著上個階段的基礎，繼續往前。

我們店前的柱子上曾掛有一幅書法，上面寫著「貨真價實」四個字，每年賣文旦時，大哥還會請書法家許朝森先生用毛筆寫下「正麻豆文旦」等字，代表本店提

早年店前的柱子上貼有「貨真價實」的書法，是莉莉向來秉持的經營理念，此外還可以看到大哥背後的牆上貼滿了戲院的宣傳海報。

供正宗麻豆老欉文旦。後來我改做成一幅「貨真價實」的書法卷軸，固定懸掛在店裡的柱子上，宣告莉莉水果店的品質保證，「貨真價實」因此成為莉莉第一個經營理念。

在我接手以後，也常常想起母親在台灣戰後初期艱困的大環境中，每日供應甜美的水果和熱騰騰的貼食，給當時的人心帶來一股溫暖的力量，加上她又是一位「感謝主的歐巴桑」，不論遇到好事或壞事，都會以堅定的語氣感謝上帝，因此我便又以「甜美水果，心存感恩」作為經營莉莉的概念，後來這八個字也製成了大型掛牌，放在店內。

再下一個階段，我則強調「果實真味」，這個「真」字，其實源自《聖經》裡耶穌說的：「我是真葡萄樹。」如果一個人想要有美好性情和行善的力量，就必須認識上帝、與上帝連結，讓神的生命生長在我們之中。而上帝往往以困境在人的生命中製作神的性情，因此不論苦或甜，我們仍然感謝神，上帝將苦化為甜，結出屬神的果子，就是所謂的「果實真味」。

有一種果子是上帝親自栽種、培養的，不是人手能種出來的，《聖經》稱之為「聖靈的果子」，也就是九種美好的品格。因為經營水果店，我對於聖靈的果子特別有感動，於是開始將吃的水果和九種聖靈果子結合，更設計出一款木雕，分別象徵不同的品德，包括葡萄（仁愛）、洋香瓜（喜樂）、西瓜（和平）、椰子（忍耐）、木瓜（恩慈）、蘋果（良善）、番石榴（信實）、香蕉（溫柔）和橘子（節制）。

水果成熟的過程分為硬熟、正熟、軟熟、過熟等階段，每個階段品嘗起來的味道也不同，雖然人人會吃，喜好卻各不相同。吃水果是一門藝術，吃的時候不只是看顏色、聞香氣，更不是隨隨便便就吃下肚，明白水果的生態與文化，才算真正懂得吃水果。比如紅肉李，硬的時候一定酸，放軟了才會甜，喜歡酸的人就知道要早點享用，喜歡甜的就會放久一點，水果是天然的、有生命的，每一刻都在改變，如果明白水果的生態與文化，那麼什麼時間吃、怎麼吃，自然心裡有數。有時候我們嫌水果「歹食貴」，那就是沒有在「大出」、「著時」的時候品嘗，沒有嘗到水果真正的滋味。

尤其到傳統市場、超市或水果店購買水果，大多不會了解水果的生長情形，記得有一次，一位小朋友來買一盒切好的蘋果，我問他：「你知道蘋果長在哪裡嗎？」他想了一下說：「長在家裡的冰箱。」我聽了頗有些無奈，只能說孩子實在天真可愛。還有一次聽沖印店的老闆說他家的孩子都已經讀到高中了，竟然不知道西瓜有籽——原來貼心的媽媽每次都會把西瓜籽剔乾淨才切給孩子吃，難怪小孩以為西瓜是無籽的。

水果是自然的賜予，吃水果不只是單純滿足口腹之慾，而是要嘗到它真實的氣味與滋味，更進一步學會判斷它的產地、糖度，變得更內行，對水果認識得更透徹。莉莉有一道招牌「綜合什錦水果」，小小一盤，盛裝超過十種當季新鮮的現切水果，色彩繽紛，香氣清甜，每一口都可以吃到不同的風味，除了令人在心中升起喜悅之情，更有感恩之心。我往往盼望客人可以從這盤綜合什錦水果認識上帝，進而感謝上帝創造的恩典。

莉莉店前的水溝與柏油路邊雖然僅能容納一個直徑三十公分左右的盆栽，但早在幾十年前，我就從南門花市買了兩棵金香品種的葡萄樹種了下來，至今每年四月到次年元月，都可以欣賞到葡萄開花及結果的美景。有一年元旦過後，台北神召會的高耀東牧師帶著曾任師大音樂系教授的大姊高慈美和妹妹高聖美，回台南參加台灣第一代傳道人高長醫生的家族聚會，前一天來到莉莉吃水果，高慈美老姊妹無意中發現棚架上有一串串晶瑩剔透的白黃葡萄，十分驚喜，我便摘了一小串黃熟的葡萄讓他們品嘗現採現吃的滋味，大家吃了都異口同聲地讚美風味絕佳，比巨峰更香甜，高慈美老姊妹還隨手抽一張面紙把吐出的葡萄籽包起來，我問她原因，她說這不起眼的白黃色小葡萄竟料想不到地好吃，她要帶回去播種做紀念。從她的眼神裡，我看到了香甜的葡萄所帶來的滿足感，以及真摯的感恩與珍惜。

我在莉莉店前種下的金香葡萄，每年都結實纍纍，而後方就是莉莉所標榜的「甜美水果，心存感恩」。

高耀東牧師和老姊妹高慈美（左）、高聖美（右）。

我那時也逐漸意識到必須建立一個有辨識度的品牌形象，比如現在的商標就是我自己設計的，靈感來自某一年奧運的五環採用了東方的毛筆線條，因此我也如法炮製，用類似的筆觸畫出了橘黃與橘紅兩個圓圈，再加上綠色的葉子來代表水果。一方面可以看成是兩種不同的果實，另一方面也象徵果實成熟、由黃轉紅的過程。

有一次，一位作家打電話來，想向我求證莉莉正式的店名，雖然因為賣果汁、刨冰，大家吃習慣了，都很順口地叫莉莉冰果室，但其實我們從來沒有這樣自稱，自始至終都叫作「水果店」。冰果室這個稱呼，在我當兵那個年代大多是指有「粉味」的店，大約是在一九七〇年代的高雄左營，那時很多海軍基地的阿兵哥放假沒地方去，不是去戲院看電影或去後街[1]閒逛，就是到冰果室打發時間。當

1 指現在的左營區西陵街一帶，早年因鄰近海軍左營基地而發展起來，多飲食、購物及娛樂場所，也有不少特種行業，是當時海軍官兵放假時的休閒去處。

時所謂的冰果室，很多會聘用年輕的女孩子當服務生、陪客人「開講」，經營路線跟水果店是很不一樣的，所以我從來不會對外自稱冰果室。只不過現在的風氣已經不同了，冰果室擺脫過往的「污名」，變成老少咸宜的場所，怎麼稱呼倒也不是那麼重要了。

莉莉水果店的商標是我揣摩書法的筆觸畫出兩個圓圈，再加上綠色的葉子來代表水果而成的。

莉莉水果店
天生椄骨所
莉莉水果店
LILY FRUIT STORE TEL 2137522
天生椄骨所

2001年前後的府前路一段，由左至右分別是紅十字會（後棟）、台南美術研究會、莉莉水果店與天生接骨所。

21

莉莉的水果經

莉莉的招牌之一「番茄沾醬」，是用黑柿番茄搭配醬油膏、白糖、薑末、甘草粉調製而成的沾醬，從我父親那一代在府城就有這樣的吃法，真正的起源已不可考。但柑仔蜜這個水果其實很早就傳入台灣，在清代的文獻裡就有記載，只是在台灣南部雖然認為糖甘蜜甜而稱作「柑仔蜜」，但北部直到三、四十年前都還叫作「臭柿仔」，因為覺得聞起來有臭青味，不過後來隨著外來語稱呼TOMATO，如今也已經普及。

柑仔蜜在南部是水果種植的大宗，台南市區往小新營的方向有一間專門製作番茄醬的可果美工廠，也是因為地利之便而設廠。而我們則會租地雇農民種柑仔蜜，收成後再配送到全台（哈密瓜也是如此），所以安南區有

莉莉的招牌「番茄沾醬」。

很多農家種植柑仔蜜，以前一年大約收成六、七個月，現在則幾乎一年四季都有，由於收成期間長，所以市面上的柑仔蜜非常普遍。

至於哈密瓜，一九八〇年代初台灣還沒有公司在銷售種籽，台南的改良場[1]也才剛開始實驗，我們那時候要種哈密瓜，買的是台北的貿易公司從日本兵庫縣進口的種籽，買來再一百粒一百粒地分出去種。那時候我在批發市場主要經手的是甘蔗，但像安南區土城那一帶沒種甘蔗的時候，我們就鼓勵農民種哈密瓜，以前是春秋兩季，現在的話有溫室還有改良品種，所以台灣的哈密瓜也是一年四季都有，而且品種改良得非常好。雖然我們口語稱哈密瓜，不過學科上是叫洋香瓜，外皮分為光滑的跟網

1 指台南農業改良場，在日本時代就已經創立（1902 年），當時稱為「台南廳農會附屬農場」，1923 年（大正 11 年）改稱「台南州立農業試驗場」，戰後稱作「台灣省台南區農業改良場」，名稱數度更易，1999 年配合精省政策，改隸「行政院農業委員會台南區農業改良場」，2023 年又隨著農委會升格為農業部，改名為「農業部台南區農業改良場」。

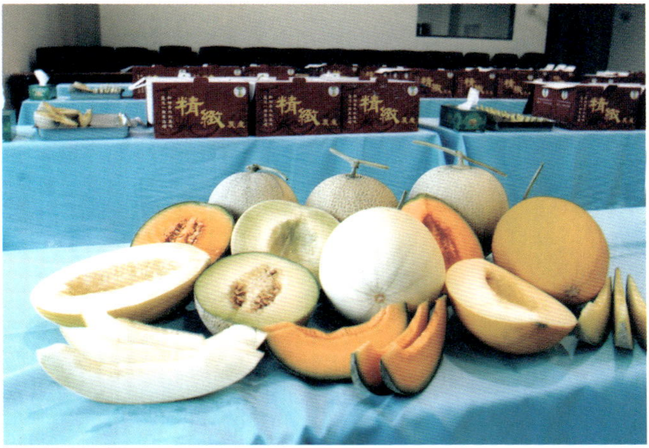

洋香瓜分為白肉、綠肉、橘肉，甜度口感各不相同。上圖為我參與評選比賽時所陳列的各種洋香瓜，下圖則為造訪農園時所拍攝。

狀的，瓜肉則有白肉、綠肉、橘肉，通常看網眼擴張的情形，就可以知道種植的土地是鹹是淡、果肉甜不甜。曾經有小販問我哪一顆比較甜，我於是拿簽字筆在哈密瓜底部點一下做記號，告訴對方如果要讓客人試吃，就挑我做過記號的才甜，包準客人吃了滿意。

此外，過去每逢中秋柚子大出，莉莉便會販售應景的麻豆文旦、白柚禮盒，至今已超過六十年的歷史。由於堅持提供老欉麻豆文旦，品質深受顧客信賴，加上提供代客寄送的服務，打響了名號，當時除了一般消費者，許多工廠、藥廠的客人也會買來互相贈送，甚至有北部的顧客來電訂貨，最多的時候，一個中秋節就可以賣出上萬斤，店裡堆積成山的文旦，也成為莉莉秋天的特殊景象。

文旦好不好吃最重要的是看產地，因為土質就佔了七成，土質好的話種出來的自然好吃，要是土質不好，再怎麼種也是粗米[2]。此外採柚子時（特別是白柚），蒂頭是很重要的，採收時一定要保留，如果沒有蒂頭，空氣會跑進去造成果實內部發霉，也要小心別碰撞或摔到地上，以免果皮爛掉。在市面上挑選文旦有幾項要訣，最重要的是果實的重量感，挑選時用手托著果實感受重量，越重的代表果肉越飽滿、越富含水分。外觀上，果皮的油胞越細越好，形狀要底寬上尖，尤其採收後經過大約一星期「消水」，文旦果皮變薄、肉質細軟，風味口感更佳。如果選擇果皮略呈黃綠色的老欉柚，放在家中通風陰涼的地方可以保存一個月，能夠慢慢聞香品嘗，享受後熟甘甜變化的滋味。

麻豆文旦通常在農曆九月上旬採收，也就是白露（指秋天的露水）前後，因此中秋前後是文旦大舉問世之際，但通常要到白露過後才好吃。當文旦吃得差不多了，進入秋分時節，就輪到紅文旦成熟。紅文旦體型比文旦大、皮也比較厚，吃起來微酸，但果肉柔軟多汁，維他命C最豐富。而等到紅文旦吃

2　指果粒粗、口感欠佳。

完，就換白柚登場了。白柚口感為甘甜中帶點酸，且果肉、水分都比文旦來得飽滿豐厚，有句老話說「喝到霜降水，白柚才好吃」，霜降指的是天氣開始變冷、降霜的節氣，每年落在十月二十三、二十四日。品嘗白柚的時機，也可以說凝聚了前人的智慧。

還記得二〇〇一年納莉颱風襲台時正是中秋節的前兩週，當時大水足足淹到一層樓那麼高，造成了嚴重的災情。颱風過後，貨主將搶先採收完畢放在倉庫裡的文旦送來給我，我便開始把完好無損的文旦一箱箱出貨，沒想到後來卻

除了氣味十足的白柚汁（左），酸甜的紅文旦汁（右）也是莉莉秋天的季節商品。

每逢中秋節前夕，許多老顧客都會來找母親挑選優質文旦。

發現箱底的文旦外皮出現潰爛的情形。幸好當時我正開始和宅配通業者合作，因此保留了完整的出貨三聯單，可以及時通知寄件人。我一一去電聯絡寄件人，請他們通知收件人，最好把箱子裡的文旦取出、剝皮、裝入塑膠袋後冷藏，這樣就可以放到中秋節再吃。另一方面也聯絡收件人，表示如果文旦腐爛，我會補寄。那時候我和太太、女兒連續打了兩、三天電話通知，因為後來進入白柚的季節，所以最後總共補寄了八十幾箱白柚，並一一附上道歉函，沒想到反而因為這樣獲得顧客的肯定，成功化危機為轉機。

如今只要訂購莉莉的文旦禮盒，我都會附上自己畫的明信片。

22

《莉莉水果有約》月刊緣起

我在一九九〇年代中期擔任台南市青果商業同業公會理事長期間，曾經編寫一本四十五週年紀念特刊，記述台南果菜運銷的沿革與發展，除了採訪數位青果界人士，還介紹了二十幾種水果，以及與蔬果相關的產業知識。現在回想起來，那或許是我編寫《莉莉水果有約》摺頁月刊的開端，不過真正產生具體的念頭與行動則是在一九九八年。

那一天，有一位穿著旗袍、看起來很體面的太太來光顧，請我打一杯果汁給她。那時候是冬天，本來就沒什麼生意，並不需要久等，但她看起來很不自在，扭捏地說：「可不可以請你趕快幫我做，不然我站在這邊很不好意思。」這句話有如晴天霹靂，讓我回家後整整三個晚上輾轉反側，不斷在心裡思考她話中的含義，不由得揣測對方是不是嫌棄我這間店像路邊攤一樣、覺得站在店前很丟臉？如果真的是這樣，那麼我應該要怎樣調整、怎樣突破？

想了三天三夜，我終於得到結論，決定從自己最在行的水果著手，向大家介紹台灣的各種水果，於是開始策劃《莉莉水果有約》。我規劃一件事通常都會先以三年為期，因此預計一年發行十二期，一次做滿三年，也就是三十六期，接著休息三年後再做三年，所以《莉莉水果有約》月刊當初總共發行了七十二期。打定主意後，我就開始寫水果、編月刊，一個月介紹一種當季水果，也一邊向長輩請教、一邊寫莉莉老照片的故事。只不過一期光是一種水果內容也有限，於是我又想到，台南是一座很有文化的古都，雖然自己以前沒有認真讀過史地，考試都不及格，但還是想要藉這個機會好好記錄台南的歷史與文化，分享給莉莉的客人。

那時是一九九八年左右，我去市政府民政局找一位江美月小姐，因為她都會叫莉莉的水果，我常去送貨，久了也就熟了。我告訴她自己想寫台南的名勝古蹟，不過參考資料很少，市政府過去曾經撥預算請學者專家來寫台南文化，不過編成套書之後並沒有對外銷售，都收藏在市府裡，我就先從那一套書參考起。起初我往往要絞盡腦汁規劃每一期《莉莉水果有約》的主題和架構、採訪對象、怎麼採訪、去哪

《莉莉水果有約》摺頁月刊每期有不同的主題水果，內容則包含水果知識與地方文化。

裡找資料，或是要向誰邀稿、怎麼透過關係去拜託，如果找不到人我就自己寫。儘管水果的知識我有把握，可是寫文章畢竟不是我的專長，這方面比預想的花了更多心力。

當時月刊裡有一個水果專欄，除了介紹水果的基礎知識，也希望分享第一手的栽培與改良情形，因此那三年我每個月至少到農改場取材三趟，因為過去有許多農業專家進駐農改場，致力於農產品的改良與試驗，也就是引進、試驗國外品種，並改良本地原生品種，不僅促進台灣農業發

共72期的《莉莉水果有約》月刊。

展，更是台灣農業創新的搖籃。此外我也在農改場的介紹或推薦下造訪了許多農家，比如到關廟採訪種植金鑽鳳梨（台農十七號）和蜜寶鳳梨（台農十九號）的果農；到嘉義太保溫室栽培的洋香瓜果園與包裝場取材；到下營採訪產銷班主任委員的長果桑椹「紫金蜜桑」；還有一次更趁著採收第四期蜂蜜的時節，前往造訪與莉莉配合了二十幾年的南化養蜂場，初次嘗試取出布滿蜂蜜的巢脾，一片片送去取蜜。每一期的水果專欄我都盡可能圖文並茂、鉅細靡遺地將採訪過程記錄下來，每次寫完專欄初稿之後，還會將稿件送到農改場的推廣教育中心，請台灣培育洋香瓜的專家黃賢良主任審閱。

每個月除了前往農場、果園取材，我也曾拜訪養蜂場，體驗養蜂人家的工作辛勞。

身為寫作的門外漢，當時我訂立了一項大原則，就是分三段書寫。第一段是我不懂的，我就模仿那些專家學者的寫法，他們怎麼寫，我就學著寫；第二段是照我自己的意思寫我所見的現況；最後一段，則寫未來的願景，期許之後還可以做什麼。結果一寫才發現，當時很多資料不一定都經過實地調查，但我要求自己寫的東西，都要親自去查證，不可以將錯就錯。所以編寫月刊的時候我常跑圖書館，也常去產地找貨主，比如寫甘蔗，我就去台糖的台南總廠圖書館找資料，向他們的主任請教；比如在改良場，很多博士都跟農民一樣在務農，差別只在於他們放下鋤頭之後還會拿筆，也會做實驗，所以我要求證都找這些專家。又比如月刊當中有一個單元寫孔廟的人文、建築、自然、活動，甚至記錄鳥類、水果、蚯蚓等，這個題材我就寫了一整年，每個禮拜都去孔廟取材。當年電腦跟網路還不普及，我只能用最土法煉鋼的方式，一步一腳印記錄腳下這片土地的點滴。

就這樣，《莉莉水果有約》月刊越來越包羅萬象，每一期的內容都不一樣，涵蓋水果知識、老照片的故事、台灣俗語、府城行道樹、上帝的話以及自編的童謠等，甚至獲得奇美博物館提供資料，規劃介紹館藏的「傳奇之美」單元。

此外，我更延伸設計了許多周邊商品，例如莉莉水果撲克牌，以一年五十二週的概念規劃五十二種台灣水果，配合撲克牌的花色與水果介紹，加上莉莉的招牌蜜豆冰及綜合水果盤當作鬼牌，設計出五十四張撲克牌。因為撲克牌遊戲無國界，莉莉的顧客更是

莉莉水果撲克牌除了水果照片和介紹，還有我的畫和四句聯當中的兩句。

來自全台灣與世界各地，這樣一來大家就有機會更加認識台灣水果。

我那時還利用莉莉二樓的空間打造成「莉莉水果文化館」，陳列許多水果和家族的老照片、歷史文物、文獻資料、相關剪報、我所發行的出版品等等，當然還有《莉莉水果有約》月刊，供民眾自由翻閱與索取。大家來莉莉時，不僅可以享受美味的水果和冰品，上二樓參觀，還可以增加一些台灣水果與台南文化的知識，豈不是一舉兩得？

當時雖然「不務正業」，每個月都被截稿日追著跑，卻是我人生中最充實的一段日子。這份月刊一開始印了兩千份免費贈閱，沒想到民眾反應出奇地好，最多的一期曾印到六千份，除了受到一般大眾的喜愛，我也因為取材、邀稿或口耳相傳，認識了不少台南文史界優秀的同好與前輩，像是固園黃家出身的黃天横前輩、首屆台南市政府文化局蕭瓊瑞局長，以及下一篇所追憶的蔡老師。

除了印製月刊、撲克牌等，我也開始投身社會教育，向民眾解說、介紹月刊的內容。

當時我將莉莉二樓打造為「莉莉水果文化館」，陳列照片、木雕等文物及各種與水果相關的資料，民眾可以自由上樓參觀。右頁上圖為前來造訪的書法家張松壽先生。

23 府城奇人蔡老師

蔡老師本名蔡顯隆，是台南在地的文史工作者，老家是日本時代台南赫赫有名的台菜餐廳新松金樓。

新松金樓位在當時的風化區新町，由蔡麒麟、蔡麒全兩兄弟和結拜的蔡金生三人所經營，原本一九二六年（大正十五年、昭和元年）就完工了，但那年偏偏遇到大正天皇駕崩，路上的店家都因此蓋上黑布表示哀悼，新店要開幕也太不是時候，因而最終延後了一年，直到一九二七年（昭和二年）二月才正式開業。在五棧樓仔林百貨還沒蓋起來的那幾年，四層樓的新松金樓顯得相當氣派，一度是台南最高的建築（僅次於公家的

新松金樓於2005年4月被拆除，原址如今變成了停車場。

地方法院），也是文人雅士集會的場所，蔣渭水所領導的台灣工友總聯盟過去曾在新松金樓開會，跟蔡家相熟的湯德章如果領了薪水、身上有錢，據說也會去消費。儘管所在的新町當時是歡樂街，不過據蔡老師所說，新松金樓其實並沒有經營藝伎，只有單純做台菜，要另外安排才會有女性陪酒或表演，只不過別人還是會以為新松金樓位在風化區就一定是菜店（酒家）。另外蔡老師還說過新松金樓是森山松之助所設計，不過森山本人在一九二一年（大正十年）就返回日本內地了，所以這件事一時似乎也無法證實。

蔡老師本家姓陳，因為蔡家正室膝下無子而過繼給對方，儘管養母後來又生下弟妹，但仍然對他這個大兒子疼愛有加，非常看重。因為在風化區，所以家裡不敢讓他讀一中，而讓他去高雄讀雄中，大學則讀成大歷史系，因此對歷史開始有概念與興趣，退伍後甚至到日本早稲田大學就讀，當時他研究的是蔣介石，因此也經常往返香港找資料，前後在日本待了十

1929年2月11日台灣工友總聯盟第二次代表大會於台南舉行，合照背後即為集會場所新松金樓。（國立台灣文學館提供）

年，據說也有拿到博士學位。

還有一件他親口告訴我的趣事，是他畢業後去當兵，因為有大學學歷，當上了有一條槓的排長。有一次蔣經國巡視營區，見他在一旁垂頭喪氣，就問他：「小弟兄，你怎麼無精打采的？」蔡老師便說他讓底下的士兵請喪假，沒想到這位阿兵哥居然不回來了，他因為連坐被記兩支小過不能出國，但當時他有個親戚在日本，他很想去卻去不了，只得在那裡抱頭煩惱。蔣經國於是問他有什麼特長，蔡老師表示自己讀書寫字都擅長，營區因此辦了一場作文比賽要他參加，沒想到他的作文真的獲獎，得以將功折罪。據說退伍後他去日本讀書還是蔣經國擔任推薦人，讓市長林錫山批准他，出國的公文因此暢行無阻。

我開始編寫《莉莉水果有約》後，有些對月刊感興趣的文史界和台語文前輩就會來莉莉找我交流，蔡老師也是其中一位。我一開始並不知道他的身分，後來才知道他出身富商家庭，早年曾赴日留學，對日本時代的台南

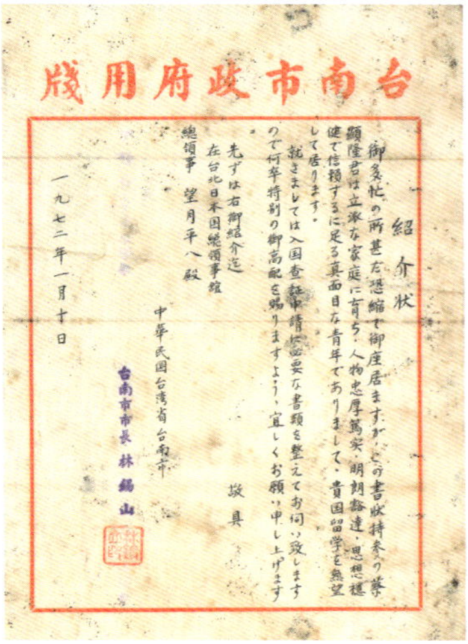

台南市政府用箋

紹介状

御多忙の所甚だ恐縮で御座居ますが、この書状持参の蔡顯隆君は立派な家庭に育ち、人物忠厚篤実、明朗豁達、思想穏健で信頼するに足る真面目な青年でありまして、貴国留学を熱望して居ります。

就きましては入国査証申請に必要な書類を整えてお伺い致しますので何卒特別の御高配を賜りますよう、宜しくお願い申し上げます

敬具

先ずは右御紹介迄

在台北日本国総領事館
総領事　望月平八　殿

中華民国台湾省台南市
台南市市長　林錫山

一九七二年一月十日

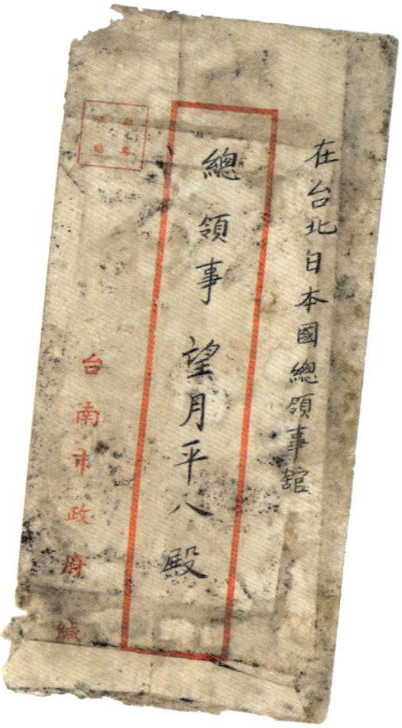

當時的台南市長林錫山曾寫推薦函給日本駐台總領事望月平八，力薦蔡老師赴日留學。（照片來源：蔡顯隆）

文史充滿熱忱，且記憶力驚人，府城發生過的大小事，他往往信手捻來，知無不言，就像一部活字典，因此大家都尊稱他一聲蔡老師。當時他對我說，台南有你用心在做這份月刊，實在很感心，所以他偶爾會到店裡來找我聊天，這段友誼也就這樣生根了。

他每天的慣例就是騎著摩托車到成大圖書館報到，幾乎一年到頭都泡在那裡翻閱日本時代的報紙，那是他唯一的興趣和樂趣，所以他對戰前的新聞報導如數家珍，比教授們都還厲害。那時我月刊的內容如果寫得不好、不清楚，他都會仔細向我解釋，我也會請他去圖書館把資料影印給我看，才算是有憑有據。他從圖書館印給我的資料，我往往會加印五份，其中三份交還給他，自己也留三份，第一份是原版，第二份是備份用的，第三份則用來剪貼做剪報。

蔡老師一輩子不懂得賺錢營生，也從不要求吃好穿好，有時候做做導覽，每月僅領取不到四千元的老人年金。他每次來莉莉，我就打一杯最

在成大圖書館地下室閱讀舊報紙的蔡老師。（角子影音製作提供）

營養的酪梨牛奶給他喝，有時候光靠那一杯他就可以過一整天。只不過人要吃飯，摩托車也要吃油，日常開銷一筆接一筆，因此他有時候也會繳不出水電費或健保費。之前有一些成大的學生或是對文史感興趣的社會人士會到十八卯聽他講古，那時也有人會來向我打聽，我說蔡老師這個人很簡單，一杯茶、一點食物給他果腹就好了，他其實也不要求什麼，但都會很樂意跟人家聊天。後來他的台南文史集會一度改到西門路的寶美樓[1]，後來則因為疫情的關係中斷了。

他平常不修邊幅，也不洗澡，乍看就像街友一樣，事實上卻是台南文史的寶庫。幾年前有一次，區公所打電話問我認不認識蔡顯隆，說鄰居通報他已經兩天沒出門了——過去從來沒有這樣過，畢竟他都很準時，每天一早就是騎著摩托車去成大圖書館。結果去他家一看，他倒臥在樓梯口，幸好

1 指位於西門圓環的多那之咖啡，前身即為日本時代著名的酒樓「寶美樓」。

喊他還有回應，我於是到第二分局報案，大家合力把他送到新樓醫院。

今年（二〇二五年）蔡老師往生後，他住家一樓的文獻資料交給追隨他的學生處置，堪用的就留著，用不到的之後就處理掉，十幾年的資料累積起來像山一樣高，早就已經請環保局來載走四、五車去回收。對我來說，活著的時候才重要，往生了，這些資料都帶不走也沒用，台南一部分的歷史隨著他離世而消逝，但願也有些傳承下來。

24 兩個日本家族的台南

鶯料亭的創辦人天野久吉出生於神戶，父母經營的青辰壽司店在當地頗有名氣。一八九六年（明治二十九年），天野初次來台，不久即返回日本，又在一九〇〇年來台，此次落腳台南，在日本料理店吐月擔任主廚。當時有一位龍見龜藏在府城牛磨後街（現在的正興街）經營一間橘料理，他後來把吐月買下，連同橘料理更名為鶯遷閣，並延攬天野久吉擔任主廚。天野後於一九一一年返日，隔年再次來台，在測候所（現在的台灣南區氣象中心）旁開設鶯料亭，店名即是為了感念龍見龜藏鶯遷閣當年的知遇之恩。天野久吉高超的手藝和對食材的講究，加上親切周到的外場服

天野久吉與鶯料亭。
（照片來源：天野朝夫）

務，讓鶯料亭在開業六、七年後就成為府城人有口皆碑的料亭，又因為鄰近台南州廳，逐漸成為政商名流集會的場所，甚至有「台南地下決策中心」之稱。

我在多年前為了撰寫月刊曾去拜訪一位當年吃過鶯料亭便當的百歲長輩，她提到自己的父親所經營的宗海組，在日本時代從事建築業，因此家境算得上富裕，她的姊姊會打電話去鶯料亭訂一個要價兩圓的三層信玄便當，這在當時公務員月薪普遍只有幾十圓的台灣來說是非常奢侈的消費，但據說菜色確實美味可口。除了以出色的料理手腕聞名，天野久吉為人所樂道的還有對國家與土地的忠誠與熱愛。他曾經在台南銀座的摸彩活動中抽到了林百貨所提供的最大獎——現金五十圓，卻二話不說隨即將這一大筆錢全數捐給日本國防之用，此外也連續好幾年共捐獻上萬圓給日本陸軍省。晚年為胃病所苦的他，回到家鄉神戶接受治療時，仍不忘懷如同家鄉一般的台南，更向家人表示希望骨灰可以帶回台南安葬。

天野婚後育有二子一女，長子彥一郎曾受徵召至前線從軍，退伍後則接手父親的鶯料亭，成為第二代繼承人；次子久夫任職於日本海外拓殖株式會社，妻子住吉幸子的父親則是日本時代第一任台南市消防組組長住吉秀松。

住吉出生於廣島縣吳市，起初從事的是土木建築營造業，一九〇〇年隨鹿島組來台，參與了許多重要的建設，包括下淡水線鐵橋、曾文溪線、阿里山鐵道、烏山頭水庫、日月潭水力發電工程等，後來以「住吉組」名號承接多項營建工程，由於良好的施工品質備受肯定，聲名鵲起，幾年後便躋身南台灣營造業的龍頭。一九一八年，住吉秀松正式脫離鹿島組，由於工作嚴謹、熱心公益，後來更獲得台南廳廳長枝德二的賞識，於一九一九年五月正式受命擔任台南公設消防組組長。台南消防組創立初期，由於經費不足、設備短缺，還得請民眾捐款，當時住吉秀松便不落人後、率先捐出了三千圓，還因此獲得州知事頒發一只銀盃表彰，後來更被尊稱為「台南消防之父」。

住吉膝下有四女二男，除了在一九四三年與天野家結親的三女幸子，長女喜代子也早在一九三四年就嫁給台南測候所第七任所長兼阿里山高山觀測所所長近藤石象。而近藤石象的父親，即是日本時代知名的建築技師近藤十郎，他在一九〇六年來台，任職於台灣總督府土木局營繕課，並參與設計了西門町市場、台灣總督府中學校、台灣總督府台北醫院[1]等重要建築。一九〇七年，近藤十郎於台南監工建造第四任台灣總督兒玉源太郎壽像基座，這座兒玉壽像民間俗稱石像，隔年八月近藤的長子誕生，取名「石象」，或許也有紀念這項工程的含義。

戰後，天野家族遭到遣返，每人僅僅帶著隨身的一千圓返日，其餘動產和不動產都被沒收，回到日本後也不見容於故鄉，家道中落，天野久吉的長子彥一郎因此抑鬱而終。所幸就

1 依序為現在的西門紅樓、建國中學及台大醫院舊館。

在鶯料亭創立百年的二〇一二年，台南市政府取得最終所有權，動工興建為開放廣場，並在隔年重新開放、重現風華，更邀請了鶯料亭第三代天野朝夫出席開幕儀式，也讓民眾得以重拾這塊土地的回憶。

二〇一五年，為了十月份台南到大阪的直飛航班，時任市長的賴清德率領市府團隊提前在六月底赴日宣傳，我有幸受邀同行，在大阪公會堂演講，分享台南的水果文化，也就是在那個時候，我才初次和天野先生打到照面。他聽聞我長年鑽研天野家與住吉家的歷

台南消防之父住吉秀松。（照片來源：天野朝夫）

史，感到非常驚訝，當場和我約定日後還會到台南造訪，沒想到此後他們一家人每年冬天都會來台南longstay一個月，我們也經常互通有無。我將過去收集的日本時代剪報送給他，他也提供家族留存下來的老照片給我，今年三月，他更出版了《退休後與台南常相左右》一書，記述天野家族與台南這個第二故鄉的淵源和故事。天野家與住吉家這兩個日本家族的台南腳跡，就這樣透過第三代

天野朝夫夫婦與兒媳一家在莉莉。

的天野朝夫延續了下來。

不過住吉家的故事其實還有一段插曲。那就是戰後住吉家族舉家返日，到了一九八〇年代，原本位在府緯街、永福路與南寧街的日本人墓區進行改建，住吉一家便將刻有「住吉家累代之墓」的家族墓碑託昔日員工陳並男保存。陳並男將這塊長達三百公分、既巨大又沉重的石刻墓碑帶回嘉義保管，即便多數人認為墓碑放在家中不吉利，或是後來與住吉

住吉家累代之墓。

家失聯，他都信守承諾，就算搬家也沒有丟掉，四十多年來完善地保存著這塊別人家的墓碑。

直到後來，陳並男的外孫女意外結識天野朝夫，又透過天野轉達住吉家的後人住吉弘光，老東家住吉組和台籍老員工才終於輾轉聯繫上。當時已經九十三歲的住吉弘光親自來台向九十五歲的陳並男致謝，這塊墓碑最後則交由國立台灣歷史博物館典藏。一項跨越時空的承諾，通過戰火和時代的考驗，成為台日之間最動人的篇章之一。

2019年4月，93歲的住吉弘光（前排右三）和妻子、住吉家與天野家的親友來台參加台南消防史料館開幕儀式，另造訪位於青年路的老家，並與高齡95歲的老員工陳並男（前排右二）會面。後排右二即是天野朝夫，左起第四、五位則是現任屋主高思博夫婦。

25 尋找湯德章之子

台灣文學館前的圓環，現在大家或許知道那裡叫作湯德章紀念公園，它的前身是民生綠園，日本時代則是大正公園，老一輩的都稱之為「石像」。光看名字，或許可以推敲出政權變遷所導致的名稱遞嬗，但對於湯德章，卻有許多人——包括台南人在內——往往只知其名而不識其人。

湯德章在一九〇七年出生於台南，父親是日本熊本縣人，母親則是台南南化人。據說他天資聰穎，而且從小就很有正義感、好打抱不平，長大後曾經擔任台南州巡查，還通過文官考試，升任警部補。後來又到東京中央大學法學部旁聽，並苦讀通過高等文官司法科與行政科考試，返台成為執業律師。他在戰後被推選為南區區長，一九四七年三月又擔任二二八事件處理委員會台南市分會治安組長，沒想到這般具備正義與勇氣的台灣知識分子，竟被國民政府以莫須有的罪名逮捕，且經歷嚴刑拷打、寧死不屈，最後在當時的民生綠園遭到槍決。

我最初接觸湯德章的事蹟，是因為編月刊寫到大正公園的兒玉石像，於是到公園考察，這才看到謝碧連律師為他撰寫碑文的那座石碑，起意想採訪湯德章唯一的兒子（他的養子）。那時我透過關係到處去問，得到的卻是他早已舉家搬離台南的消息。之後斷斷續續經過七、八年，我一直把這件事放在心上，偏偏苦於沒有管道找到人。

後來一位畢業自中央大學法學部的日本作家門田隆將在校刊中發現湯德章也曾在中央大學法學部旁聽，並考上辯護士執照跟行政資格，為了撰寫湯德章的故事，他也開始尋找以前台灣省議會的關係者或和湯德章相識的同事後人，又透過台南市文化局的介紹來到莉莉找我。一開始因為我在顧店，當下其實沒有辦法好好講上一句話，於是我請太太代我顧櫃台，帶他去二樓聊，之後他就知道要等莉莉打烊了再來，有時收攤整理後都晚上十二點了，我們還是拉張椅凳在店門口聊天，日本台灣交流協會的口譯先生也都會隨行。

後來門田在台北的二二八基金會查到湯德章兒子的資料，才知道他原來就住在高雄橋頭。當時門田每次來台都固定會找一位台南的導遊開車帶路，這位謝先生日文很流利，那一天，一輛轎車駛到莉莉店前，車內的謝先生向我喊道：「李老板！你敢知影這馬坐佇我車內的是啥人？」——正是我苦尋已久的湯聰模先生。那時店裡正忙，客人大排長龍，但我知道車上那個人我非見不可，因此最後不得不暫時拋下客人。原來在門田的安排下，謝先生先到高雄橋頭把湯先生載到莉莉來，當天稍晚門田本人也前來會合。沒想到我苦尋那麼多年的人，最後竟是這樣不費工夫地送到門前來。

於整修前的湯德章故居前合影，前排右起依序是紀錄片《尋找湯德章》導演連惠楨、湯德章紀念協會理事長黃建龍、我和日本作家門田隆將。

還記得二〇一五年位於友愛街的湯德章故居掛牌「名人故居」[1]前夕，賴清德市長和出資整理故居內部的許文龍先生都預計會出席，故居的主人卻不在。我心想，如果我打電話邀湯聰模先生出席這樣的活動，他一定會有所顧慮，只能拜託謝先生在當天想辦法載他來。於是謝先生起先瞞著他，說要載他去安平玩，回程再順路去參觀友愛街故居，對於當天的活動隻字未提。因此當他來到友愛街，見到這麼多人在場時大吃一驚，我告訴他「你今天來，你父親一定很高興」，便牽著他的手半哄半騙、半推半就地把他帶進大門，出席「名人故居」的掛牌典禮。在那一刻，他親眼見證了台南民眾對他父親的感念，而這一天正是三月十三日，台南的「正義與勇氣紀念日」，也就是湯德章先生的忌日。

1 根據台南市政府文化局制定的要點，為紀念對台南有重大貢獻並具相當知名度的已故台南市名人，其「曾居住、停留或具紀念價值之居所或住所」得經審議，指定為「名人故居」。

上圖／湯聽模先生（我的左手邊）在莉莉，對面戴著紅色帽子的則是湯先生的女兒、湯德章的孫女湯雅清。

下圖／湯德章故居掛名儀式留影，由左至右分別是台南文史工作者詹翘、我、湯聽模、湯德章紀念協會理事長黃建龍、台南市文化資產保護協會理事長曾國棟。

（台南市文化資產保護協會提供）

在這之前，不管台南舉辦任何追思會或紀念活動，湯聰模從來不曾出面，他們一家非常低調，低調到湯德章三個字彷彿是他肩上的重擔，他就這樣深埋父親的往事，甚至加上水泥封蓋。一直要到門田找到他、鼓勵他、讓他產生信任，那堅硬的水泥才慢慢被敲開。而我所能做的，也就是每回他來莉莉找我時，我就準備他愛吃的給他，買他喜歡的素食，回程再讓他帶布丁回去給孫子。

湯聰模先生與我在台灣文學館的「湯德章大道1號」門牌前合影。

當時我的心裡其實有兩個負擔，一個是怎麼樣可以讓這個家庭願意分享更多的歷史記憶，而不是避而不談；另一個是我們如何把湯德章故居保存下來，我心想等這兩件事完成，我的任務才算告一段落。沒想到就在二〇一九年左右，連惠楨與黃銘正兩位導演透過台南市文化局葉局長聯絡上我，開啟了拍攝湯德章紀錄片的計畫，隔年，搶救湯德章故居的募資活動順利達成，湯德章紀念協會也正式成立。

至此，我心中的大石總算可以放下了。儘管湯聰模在紀錄片上映前便已離世，但相信他最終也和我們一樣，都以他父親為榮。

終章

纍纍果實，盈盈恩典

二〇二五年七月六日，丹娜絲颱風侵台，罕見地從台灣西岸的嘉義布袋登陸，在雲嘉南沿海造成極大的災情。台南溪北地區，許多屋頂被風整片颳走，電線桿倒了近兩千五百支，造成當地停電超過一週，就連世居此地的長者都表示不曾遇到這麼可怕的颱風。

雲嘉南一帶是台灣農業的重要產區，但每年的颱風總會造成大大小小的農業損失，許多民眾或許已經熟悉記者播報颱風災情時的用詞「農民欲哭無淚」、「景象怵目驚心」等，也習慣了颱風過後飆高的菜價。然而，這次的災情卻震驚了全台。疊掛在樹上的文旦，原本再過一個多月就可收成，而今卻被吹落墜地，園中的柚香不再清新，摔傷的文旦遍滿了整個果園，像一大片的青綠色地毯覆蓋了整個園子，又像一池柚色的水，獨留柚樹在風中飄搖。

颱風登陸那天晚上，我很擔心麻豆文旦的狀況，隔天第一時間打電話給熟識的麻豆文旦貨主，他說：「十份只剩一份了。」意思就是栽種一整年的收穫只剩下一成。過去的颱風不曾造成這樣慘重的損失，實在太令人傷心，我含淚畫了一幅文旦落果圖，有位朋友杜老師看了之後，題詞寫下：「麻豆文旦柚，風颱掃落樹，粒粒塗跤溜，果農目屎流。」

首當其衝的第一線農民，他們的工作與氣候和土地有著深深的連結，最是「靠天吃飯」的一群人。然而每逢天災，他們往往眼睜睜看著一整年的心血泡湯，眼眶含淚，卻也不怨天尤人，只是尊重大自然的造化，重新打起精神。而災後樹上尚存的果實，則將再度抬頭迎向溫煦的陽光，笑容初綻，一如患難的兄弟相互慰勉。

今年7月丹娜絲颱風襲台，造成中南部極大災情，
我有感而發畫了一幅文旦落果圖。

台灣是擁有豐饒物產的寶島，以農立國、以人為本，在我心中，農業可以顧及百姓最基本的三餐溫飽，應當是最重要的，然而農民卻是弱勢中的弱勢，每年秋收前的颱風造成農作物損害，市場哄抬價格，他們卻大多沒有得到這些利潤。

我一生從事水果買賣，除了深知果農的不易，對於可以眼見、口嘗、親聞果實的甜美，也每每有所感動，但對於許多人而言，吃水果好像也就是吃下肚，經過消化吸收便結束了。如果我們可以放慢腳步和腦中的思緒，仔細思量，水果當中不僅有果農的辛勞，還蘊含著上帝的智慧。尤其在生命遇到困境時，仍然堅定信靠神，心存感恩，人就不再只是屬肉身的，而是有上帝的靈同在，這是上帝的奇妙作為，非人所能明白。

因此，步入老年的我逐漸認為，我們不只是因為品嘗到水果的甜美而心存感恩，而是不論順境或逆境，都要感謝上帝將苦化為甜，藉由時間的累積、空間的養分和神的恩典，結成一串又一串的果實，纍纍盈盈。

莉莉水果店關係年表

1911
台南開始推行市區改正（都市計畫）

1912
鶯料亭開業（今鶯嶺食肆）

1914
台南地方法院落成（今司法博物館）

1923
台南神社落成

1929
南門市場落成

1931
台南警察署落成（今台南市美術館一館）

1932 12/5
林百貨開幕

1940
愛國婦人會館落成（今台南創意中心）

1945 3/1
台南大轟炸

日本時代

1912
作者父親李澤出生

1918
作者母親李張罔腰出生

1935
父母結婚，於南門市場經營蔬果攤

1945 8/15 昭和天皇發表《終戰詔書》

1947 2/28 二二八事件爆發

1947 3/13 湯德章殉難

1948 台南美國新聞處設立

1949 5/20 台灣宣布戒嚴

1949 6/15 實施舊台幣四萬元折合新台幣一元的制度

1951 美援開始

1955 亞航設立維修部門

1959 8 八七水災

戰後

1946 5/1 南台物產股份有限公司成立（南台青果）

1947 舉家遷離南門市場，搬至府前路現址

1949 開始月結包飯生意

1953 府城第一杯鮮榨果汁誕生

1957 申請營業登記，正式命名「莉莉」

1960 台南神召會創立，大姊率先信主

莉莉水果店關係年表

年份	日期	事件
1965		美援結束
1969		空軍供應司令部遷出原台南州廳，台南市政府入駐，原址移交建興國中
1970	10/12	美新處爆炸案
1971	10/25	中華民國退出聯合國
1979	1/1	中華民國與美國斷交，美新處解散
1987	7/15	台灣宣布解嚴
1990	3	野百合學運

戰後

年份	日期	事件
1962		大哥結束月結包飯生意
1963		母親受洗
1971		購入澄山農地，母親上山開墾
1976		迦南水果店開業
1984		小豆豆餐飲屋開業
1990		父親逝世，作者接任南台公司董事
1990	12	南台物產公司解散

- 1996 3/23 台灣第一次民選總統
- 1999 9/21 九二一大地震
- 2001 9 納莉風災
- 2015 3/13 湯德章「名人故居」紀念牌掛牌
- 2024 台南建城（熱蘭遮城）四百週年
- 2025 府城建城（清代城牆）三百週年

戰後

- 1991 大哥病倒，作者接手莉莉
- 1991 作者任職台南市青果商業同業公會理事長
- 1997 作者卸任台南市青果商業同業公會理事長
- 1999 1 《莉莉水果有約》創刊
- 2008 作者母親逝世
- 2017 莉莉水果店七十週年紀念郵票發行
- 2021 小豆豆餐飲屋歇業
- 2022 莉莉第三代接班，持續傳承果實真味

莉莉水果店

府城在地八十年兮記憶佮腳跡

國家圖書館出版品預行編目（CIP）資料

莉莉水果店：
府城在地八十年兮記憶佮腳跡／
李文雄作；林邊文字整理．
-- 初版．-- 新北市：這邊出版：
遠足文化事業股份有限公司發行，
2025.08
240 面；14.8*21 公分
ISBN 978-626-99889-0-7（平裝）
1. CST：蔬果業　2. CST：歷史　3. CST：台南市

481.5　　　114009194

作　　者 —— 李文雄
文字整理 —— 林邊
主　　編 —— 林蔚儒
美術設計 —— 江孟達

出　　版 —— 這邊出版／遠足文化事業股份有限公司
發　　行 —— 遠足文化事業股份有限公司（讀書共和國出版集團）
地　　址 —— 231 新北市新店區民權路 108-2 號 9 樓
電　　話 ——（02）2218-1417
傳　　真 ——（02）2218-8057
郵撥帳號 —— 19504465
客服專線 —— 0800-221-029
客服信箱 —— service@bookrep.com.tw
網　　址 —— http://www.bookrep.com.tw
法律顧問 —— 華洋法律事務所　蘇文生律師
印　　製 —— 呈靖彩藝有限公司
定　　價 —— 新台幣 480 元
I S B N —— 978-626-99889-0-7（紙本）
978-626-99889-1-4（EPUB）
978-626-99889-2-1（PDF）

初版一刷　2025 年 8 月
Printed in Taiwan

讀書共和國　這邊出版